婉婉有仪

优雅女神成长手册

白　洁◎编著
贺聪洁◎绘图

化学工业出版社
·北京·

本书是为现代女性量身定做的气质读本，涵盖了提升优雅内涵的相关内容。包括女性形象礼仪、女性社交礼仪、商务礼仪及女性魅力展现四大块内容，为女性朋友们介绍了针对不同场合与他人接触时所要遵循的礼仪规范及实用技巧，让大家拥有大方得体的优雅举止，成为光彩耀人、人见人爱的魅力女性。

图书在版编目（CIP）数据

婉婉有仪/白洁编著. —北京：化学工业出版社，2019.6

（优雅女神成长手册）

ISBN 978-7-122-34026-9

Ⅰ. ①婉… Ⅱ. ①白… Ⅲ. ①女性—修养—通俗读物 Ⅳ. ①B825-49

中国版本图书馆CIP数据核字（2019）第041408号

责任编辑：李彦玲

责任校对：边　涛　　　　装帧设计：王晓宇

出版发行：化学工业出版社

（北京市东城区青年湖南街 13 号　邮政编码 100011）

印　　装：北京新华印刷有限公司

880mm×1230mm　1/32　印张 4¼　字数 86 千字

2019 年 6 月北京第 1 版第 1 次印刷

购书咨询：010-64518888

售后服务：010-64518899

网　　址：http://www.cip.com.cn

凡购买本书，如有缺损质量问题，本社销售中心负责调换。

定　　价：38.00 元

PREFACE 前言

女性优雅的行为举止，得体的仪态和言语，真挚的情感和端庄的礼仪，成为与他人之间沟通的桥梁，其力量和价值都是巨大的。

“端庄、大方”这两个词足以诠释我对个人礼仪形象的观点。我认为要做到“端庄、大方”需要在两个大的方面做工作：一个是感官方面，另一个是内涵方面。

感官即是看得见的、听得到的、闻得到的、触摸得到的。要在感官方面提升礼仪形象，就要在梳妆、服饰、动作、语气、表情几个方面着重提升。从这几方面来讲，最打动人的就是表情、动作和语气。在和人交谈中应表情自然，眼睛注视着对方。也要多微笑，微笑可以缓解压力和紧张感。言谈举止要开朗、热情大方，要有亲和力。坐、走、站都要合乎基本要求，应挺胸抬头，要表现得更自然一些，虚假做作是大忌，是最容易让别人感觉到的，也是最令人反感的。

在内涵方面，应追求“内心美丽才是真正的美丽”。内涵影响举止，内在方面才是真正影响长期成功的重要因素。在外表获得赞美的同时，内涵会显得格外重要。要提升内涵首先要有正确的思想价值观念。本书内容涉及广泛，涵盖了外貌妆容的整体把握、女性魅力的展现、女性社交礼仪、商务礼仪、服饰形象仪表、中西餐用餐礼仪、公共场所礼仪等生活中可能接触到的所有礼仪规范，形象而生动地展示了礼仪的魅力与秘密，是一本全新的女性成长手册。

我们都向往舒适幸福的日子，有可爱的孩子、美满的家庭、舒心的工作……然而并非所有事都能朝着自己喜欢的方向发展，总是有些许遗憾或是不完美，或是力不从心，本书记录的一些小技巧也许会对您有所帮助，让我们放松下来，给自己的心多点氧气！

以上，共勉。

白　洁

2019年2月

CONTENTS 目录

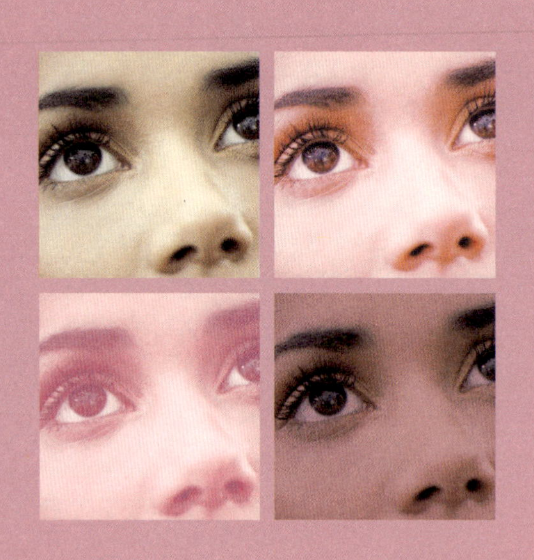

CHAPTER 1

始于颜值

一、外貌妆容全把握

在这个“以貌取人”的时代，女性无论出现在怎样的场合，穿着、妆容、言谈举止都透露着其品位、修养、受教育程度，甚至是社会地位、经济状况，等等。

没有人愿意相信一个女性邋遢、不加修饰的外表之下，内在涵养会有多么优秀，这也是当今比较流行的至理名言。当人们都在注重自身修饰的同时，社会已经进入了高度文明的阶段。

当你新到一个地方，与素不相识的人初次见面，必定会给对方留下某种印象。从这第一印象中所获得的主要是关于对方的表情、姿态、仪表、服饰、语言、眼神等方面的印象。它虽然事碎、肤浅，却非常重要。因为在先入为主的心理影响下，“第一印象”往往能对人的认知产生关键作用。研究表明，初次见面的最初4分钟，是印象形成的关键期。

通过大量的分析，研究者们得以成功描绘出影响“第一印象”形成的因素。

① “第一印象”的形成有一半以上内容与外表有关。也就是说良好的“第一印象”不仅是一张漂亮的脸蛋，还包括体态、气质、神情和衣着的细微差异。

② “第一印象”有大约40%的内容与声音有关。音调、语气、语速、节奏都将影响“第一印象”的形成。

③ “第一印象”中只有少于10%的内容与言语举止有关。

一个女人如果远看穿着光鲜亮丽，近看却不讲究仪容整洁，整日蓬头垢面，那不仅是对自己的不负责任，更是对他人的不尊重，这只会让别人敬而远之。相反，有一种人，尽管他们穿着朴素，但是非常整洁，反倒会给人一种清新飘逸的感觉，而且也会让人觉得这个女人拥有良好的教养。所以，注重仪容的整洁尤为重要。那么，除了常规的清洁与卫生，有几点需特别注意。

① 随身携带面巾纸、湿纸巾、镜子、棉签等，随时清除面部或手部的污垢。

② 在修饰脸部的时候也要记得照顾颈部，脖子上的皮肤应给予

相应的呵护，防止颈部皮肤过早老化，以至于看起来与脸部完全脱节。

③ 注重头发梳洗与发型整理。每天早上利用15分钟的时间清洗头发，吹干做简单的造型，会给你的形象大大加分。

④ 勤换衣袜。一个季度至少准备6、7套服装。勤清洗，整齐叠放，保持衣物清洁度的同时也能够避免身体皮肤滋生细菌。对于汗脚或是异味较大的人来说，身体的气味直接影响到周边的人与环境。保持衣物干净整洁、肢体气味清新，能够给人带来好感。

⑤ 双手是人的第二张脸，保持双手的洁净同保持脸部的洁净一样重要。指甲应定期修剪，保持舒适的长度。

⑥ 注意避免口腔的异味。为了避免出席社交场合时的口腔异味，之前最好不要食用蒜、葱、韭菜、腐乳等有强烈气味的食品。餐后应漱口或者嚼口香糖去除异味，保持口腔、牙齿的整体清洁。

睡前不吃零食，饮食清淡，少吃辛辣等刺激性食物，少量饮酒，能够防止口臭。常食用新鲜水果、蔬菜，保持正常的作息，能有效改善口腔异味。

口腔产生异味的原因多样，有的人消化系统有问题，导致反胃影响了口腔气味。有的人因为牙齿问题，也会导致口腔异味。可采用定期洗牙、使用牙线等方式保护牙齿，养成每天早晚刷牙的好习惯，美丽洁白的牙齿会让你笑容灿烂，自信满满。

二、美肌从这里开始

拥有白嫩、紧致、润滑的肌肤是每一位女性的梦想，然而女性面部肌肤从25岁起就开始走下坡路。如何让美肌停留的时间再久一些？怎样才能减缓皱纹的滋生？黑色素沉淀越来越厉害该怎样抑制？这些面子问题每天都在困扰大家。下面就让我们一起聊聊护肤这件事！很多人都在追捧某些大牌的某些产品，或是延缓衰老，或是祛斑美白，却忽略了护肤的最最重要的事情：清洁。

面部清洁并不仅仅是洗脸，现在空气质量逐渐恶化，因此无论化妆与否，卸妆都是每天的必要环节，选择上有卸妆水和卸妆油两种，可依据自身情况选择适合的。卸妆水比较适合眼部和唇部较轻薄的皮肤使用，卸妆油卸妆更舒服、润滑，也会更干净一些。

卸妆的具体方法：清洗双手后保持干手干脸的条件下，左手持卸妆棉，右手取卸妆产品。将卸妆棉敷在眼部，2秒后沿睫毛生长方向卸妆。然后进行唇部卸妆，可转圈卸下唇膏。最后将卸妆产品涂于面部，食指与无名指以画圈的方式反复按摩面部，尤其鼻角与嘴角位置要多揉以达到彻底清除。

然后是洁面的环节。选择洁面产品需参照自身的肤质。青春期容易冒油的皮肤建议使用蕴含氨基酸的洁面泡沫。干性皮肤最好不使用泡沫型洗面奶，可以用一些清洁油、清洁霜或者是无泡型洗面奶。目前清洁油类产品在一些中高档产品中有，因为相对清洁霜而言，这类产品肤感比较清爽。

接下来的护肤步骤也很重要。

① 保湿水

皮肤保养的关键步骤在于补水，尤其冬季寒冷，室内供暖设备会使皮肤大量缺水。选择保湿水的过程中要特别贴合季节需求，如果是春夏季，可选择较轻薄的保湿水，在整脸进行拍打，直到水分

吸收为止；秋冬季节，可使用密度大一些的营养保湿水，如果皮肤出现起皮或是干裂情况，可选择芦荟保湿水进行水疗。

② 眼霜

眼部周边的皮肤非常敏感且质地很薄，对于眼睛大且表情丰富的人要提早进行眼部周边的护理。

③ 精华

精华的营养成分直接深入肌肤底层，使皮肤获取营养成分有效锁住水分及胶原蛋白，使肌肤的清透度、滋润度都有所提升。

④ 保湿乳与面霜

乳液比较轻薄，不油腻，建议春夏季使用，达到清爽滋润的效果。涂抹的过程中，注意手法是向上提升的，即由下向上推抹。面霜相对油分较多，适合干燥的秋冬季节使用，也是必要的护肤环节。

⑤ 隔离防晒

这个不分季节都要使用，空气中看不到的小灰尘特别多，使用带隔离效果的防晒霜，就相当于使用了隔离霜和防晒霜了。

如果觉得皮肤状态不好的话，可以在清洁皮肤之后使用面膜，改善肤色。

对于超过30岁的女士来说，除了日常的皮肤护理程序，还建议每周进行一次深度的皮肤护理。皮肤问

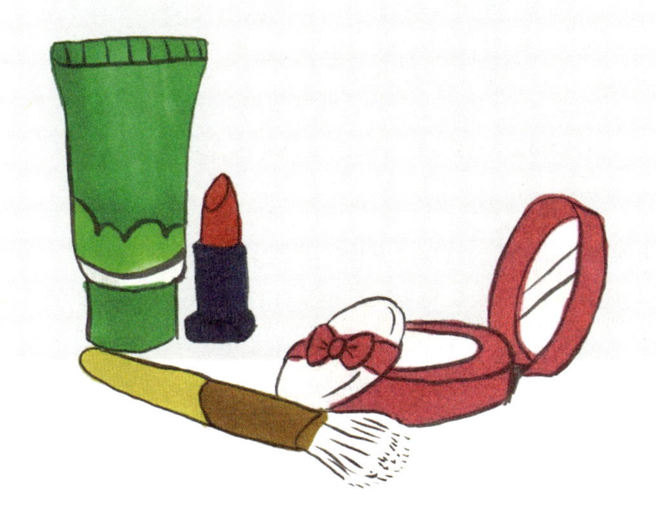

题多是身体积聚的毒素或是经络不畅等因素造成，比如：面颊两侧的黄褐斑多是妇科疾病所致。如果可以将身体内部调理与外部皮肤护理相结合就更加事半功倍了。目前，中医艾灸调理与经络按摩等护理有针对性地调节人体机能，护肤的同时增强身体抵抗能力，但是这种护理需要我们持之以恒，方能见成效。

三、其实你可以更美

化妆作为人们生活当中的面容修饰技法，可给人们的形象加分，无论是在商务谈判中还是日常交往中，化妆能使我们气质倍增的同时，还能给我们的工作带来自信。尤其近几年“颜值担当”这个词出现的频率越来越高，化妆已经和生活、工作密不可分，但是有很多人并不真正会化妆，她们只是把彩妆产品涂抹在脸上，并没有达到修饰美的效果，反而给人感觉太过妖娆或俗气。

一般来说，礼貌的妆容要遵循三W原则，即When(时间)、Where(场合)、What(事件)。不同场合化不同的妆容，是得体形象的定位与诠释。要避免当众化妆或补妆，如果特别需要补妆，可就近寻找洗手间进行补妆。常常可以见到一些女士，不管置身于何处，只要稍有闲暇，便立刻掏出化妆盒来，替自己补一点香粉、涂唇膏、描眉型。当众化妆，尤其在工作岗位上当众这样做是很不庄重的，并且还会使人觉得她们对待工作不认真。另外，化妆用品属于个人用品，不要随便借用。化妆与为人处世一样，都要含蓄一些，才有魅力，恰到好处，过犹不及。

必备的化妆程序由隔离开始：隔离霜—粉底液—眉毛—眼影—眼线—睫毛—腮红—唇妆。

① 隔离霜

隔离霜是一年四季必备的用品。现在市场上的隔离产品较多，女性朋友们总有着疑惑，经常有人问我，隔离霜和防晒霜是不是作用一样，用一支就可以了吧?

我们首先要了解的是隔离与防晒的区别。防晒霜顾名思义就是防止阳光中的紫外线侵害肌肤。而隔离霜则是隔离空气中的尘埃和彩妆带来的化学物质。因此两者并无重合之处，尤其近几年空气质量日益下降，很多地区都大面积出现雾霾，隔离霜更是护肤的关键环节。在色彩选择上，可根据皮肤情况而定，有的人皮肤瑕疵明显，可选择自然色；有的人皮肤发黄，可使用紫色隔离霜；皮肤泛红者可尝试绿色进行调整；如果皮肤状态较好建议使用透明色的隔离霜。

② 粉底液

也称打底色，粉底可为你的化妆定下一个基本色调。均匀摇晃，可使粉底液沉淀减少。尽量使用与肤色相近的或是偏深色的乳液型粉底；有些人认为自己的肤色偏黑，喜欢选择较白的粉底液遮盖，然而，涂上去才发现不但没有达到预期的效果，反而看上去像一层白霜，不自然。涂抹的时候由中间向外侧逐一推开。涂抹在额头、双颊、鼻梁、下巴等五个部位，再用湿的海绵扑（化妆后会有透明感）按由上向下的方向抹散开来，别忘了唇线也要打底。注意脖颈上也要美化一下。粉底打得好的状态是自然、均匀、细腻，看上去跟自己的皮肤没有两样。若皮肤多油脂，或是容易脱妆，可使用定妆粉（散粉）薄薄地按压一层。

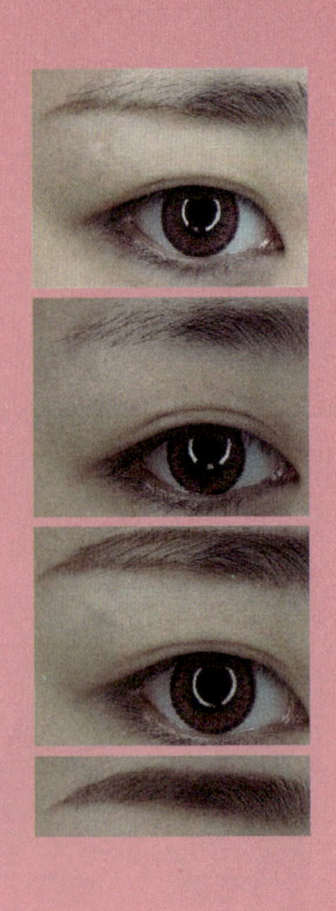

③ 眉毛

眉毛好像人脸上的精气神儿，占领了面部的制高点，中国人比较忌讳断眉、连心眉。我们在调整眉毛形状的时候，要依据自身脸型的特点，比如：脸型圆润丰满的女士可适当提高眉毛的角度，看上去拉长脸型；而脸型较长的女士可以尝试一字眉。

使用眉笔的时候，沿眉的生长方向，一根一根画上去，眉头稍重，眉梢稍轻，然后用眉刷或棉棒梳理一下，切忌用手涂抹。眉毛不宜过粗，一般眉峰应在2/3处左右。用灰色或咖啡色眉笔比较容易贴近自身眉毛颜色。对眉形好而眉毛淡者用咖啡色睫毛油淡染眉毛效果更佳。

④ 眼影

眼睛是人面部最提神的部位，如何展现眼睛的魅力？眼妆是必不可少的。

眼影色的选择大多时候要与服装相搭配，在这里给大家推荐一款百搭色，也称为大地色系列眼影，由浅棕色（哑光）、深棕色、金色、黑色四种颜色组成。

第一步取浅棕色（哑光）眼影涂满眼窝，目的在于统一眼周边色，尤其对于经常熬夜或是眼圈较深的女士尤为重要。作为眼妆底色，务必要把这层颜色画均匀。

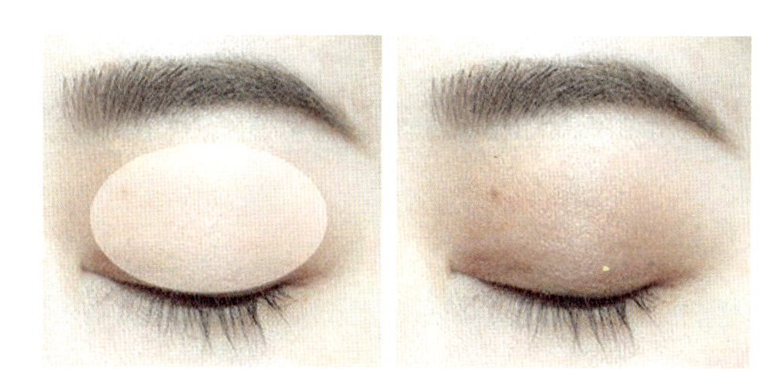

第二步取适量深棕色眼影，涂抹在上眼皮后半段。再取金色眼影，从眼线边缘处开始向上晕染开。同时沿着上眼睑睫毛根处加入黑色，与深棕色相衔接。注意不要画满整个上眼睑，大概是三分之二处即可。

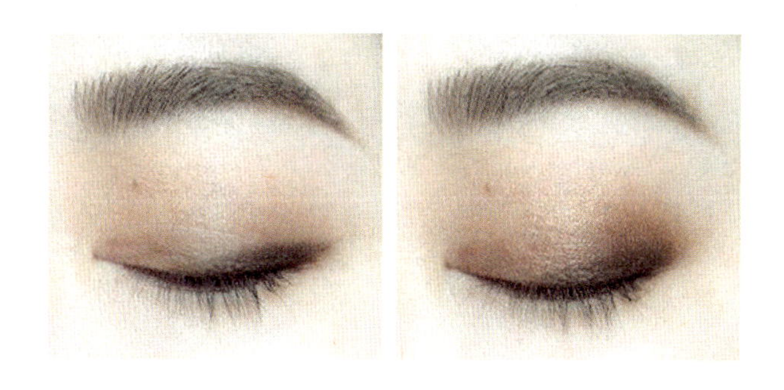

第三步用手指蘸少量金色眼影，点在上眼皮正中央处做提亮。

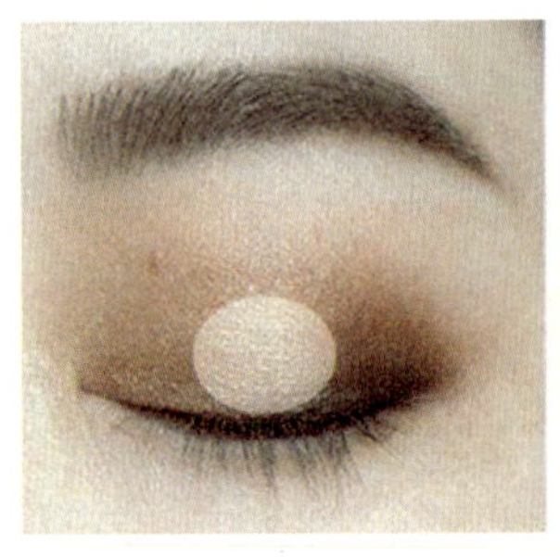 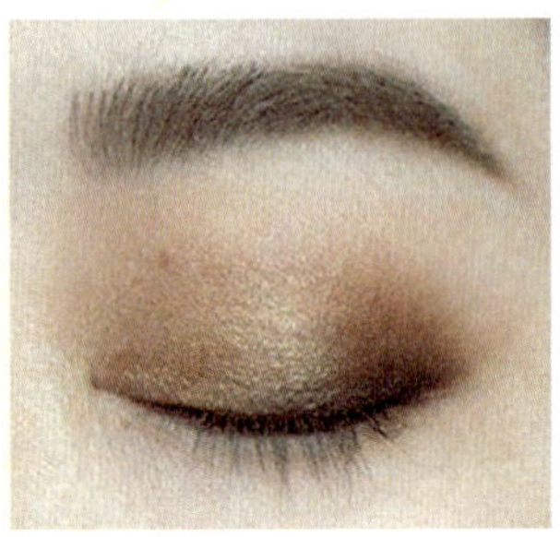

同时，取珠光浅金色眼影画在眼头和卧蚕位置做提亮，再取深棕色眼影画在下眼影的后半段。

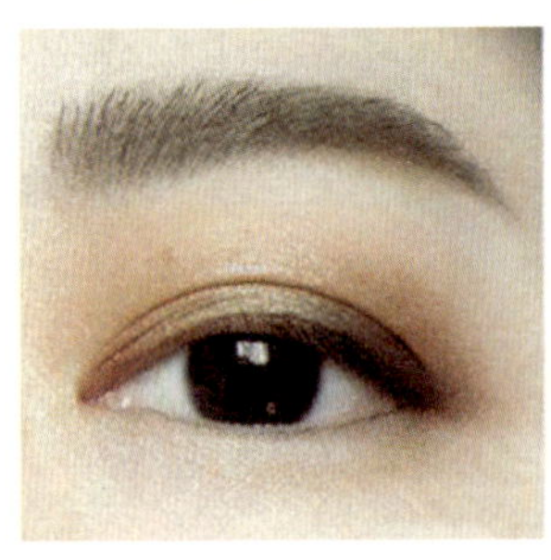 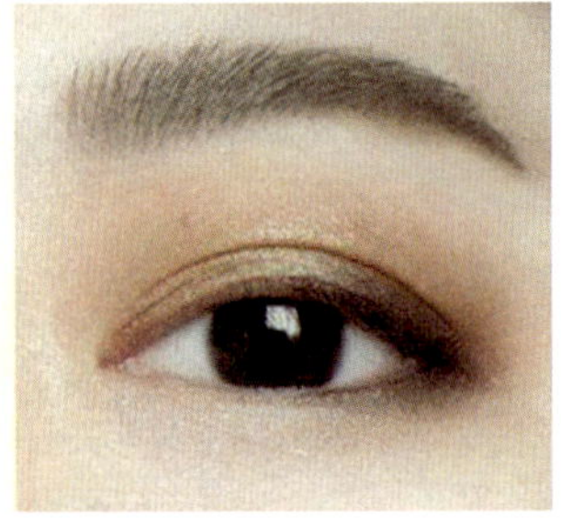

⑤ 眼线

轻轻地一笔勾勒出来的眼线，就能让眼睛如画龙点睛般有神采。对自己眼形不满意的人，更加可以通过画眼线来改变眼形，赋予自己不一样的气质。

眼线的画法其实就是在上眼睑上加宽眼球上方的那一笔线条。这样可以从视觉上增大眼珠的范围，让眼睛看上去黑而亮。所以，在眼线产品的选择上一定要选择色泽饱满浓郁的，能描绘出如墨韵般效果的当然是最好。

首先用眼线液填满睫毛根部的缝隙，让睫毛根部与眼线很自然地融合，露白只会让你的眼妆假得不自然。

在眼睛的正中央上方的眼睑上，沿着睫毛根补一条与眼珠直径一样长，但是略粗的眼线，这条线的两端要自然斜着向两边作梯形状。

下眼线则要紧贴睫毛根部细细地画上一条，眼尾处则要与上眼线无缝衔接，且眼角的空白处一定要填满。

用眼影棒晕染眼线，使眼线的衔接更加自然，晕染后的眼妆就成了一个很自然的小烟熏，这样才能加强眼神的深邃度，使双眼更加立体迷人。

⑥ 睫毛

浓密的睫毛对于爱美的女士来说是极其喜爱的。当下睫毛已不仅仅限于涂睫毛膏，还可以粘贴假睫毛、嫁接睫毛。当然不同方法适合不同的场合，也各有利弊。假睫毛适用于演出或是晚宴场合，远观效果较好，能够明显地增大眼睛的外轮廓，但是近看显得太假，而且自己操作起来也不容易。嫁接睫毛比粘贴假睫毛自然许

多，而且长短疏密可以自由选择，即使再近的距离也难分真假，但是一段时间后会自然脱落，没有脱落干净的睫毛看起来很不自然。当然最常用的方法就是涂睫毛膏了，在夹卷睫毛后，用左手食指挑起上眼皮使整个睫毛露在外面，右手拿起睫毛膏从根部往睫毛梢部涂抹，如果涂得太多会成块，太少又没有效果，适当最好。

⑦ 腮红

打腮红要注意位置，深色打在颧骨下面，使脸部轮廓更明显，再在颧骨上刷上浅色腮红。腮红的位置不超过鼻端平行线及眼睛垂直线。眼角要留下一指的宽度不上腮红，而是上白色或象牙色的浅粉。最简单的上腮红方法：双唇噘起，在最突出的颧骨上头由上向下涂腮红。

⑧ 唇妆

依据唇形的不同有不同的画法，这里介绍两种不同唇形的画法。大嘴的唇形，由于嘴唇过大，会让人产生笨拙的感觉，会让五官显得不协调。对于这类唇形，唇妆技巧是先使用遮瑕霜把嘴唇的边缘和唇表面遮盖，并且用蜜粉固定。在对唇线进行描画的时候，要把它的整体轮廓向内收缩，让双唇变薄变窄。

跟大嘴唇形相反，小嘴唇形需要把双唇的轮廓线向外延伸，增大唇形。在唇膏颜色方面，选浅色系或者是亮光的唇膏，增加唇部的立体感觉。

化妆注意事项：

① 化妆时光线要直接照在脸上，不宜在侧光或阴影处化妆。

② 面部化妆一定注意涂抹均匀，色彩协调，不留明显的化妆品痕迹，显得自然美，不要显露出浓妆艳抹的迹象。

③ 化妆时手要轻巧，不可伤害正常组织。同时注意脸的侧妆，使整个面妆和谐。

④ 整个妆容要自然协调。

四、发型变脸太实用

脸型是决定发型的重要因素之一，适合自己脸型的发型才是最重要的，但记住不是任何流行发型都适合。

1. 发型与脸型

不管是圆脸、方脸、瓜子脸还是长型脸，都要掌握各种脸型需要修饰的重点，巧妙地运用发型线条来修饰脸型，从而达到脸型与发型的完美搭配。

圆脸型比较显胖，额头和脸型都成圆形，可以利用两侧鬓发和齐刘海来改变脸型的轮廓，分散原来宽胖头型和脸型的视觉。

方脸型又称国字脸型，整个脸型呈四方形，额头和两腮较大，所以在设计发型时应该采用头顶部分蓬松、微卷短发和侧分的斜刘海，从而达到修饰脸型的效果。

三角形脸是指下颚比较短，脸颊突出，下部再次收缩的脸型。通常额头比较窄，脸部的骨骼比较突出。倒三角形脸是指下颚线条细长，看起来比较老实的脸型以及面部线条长而细的脸型。在发型设计方面，可以通过使下颚突出或收缩的方法来改变形象，把所有的头发都整出发卷，增加头发的柔和与华丽感。肩膀周围动态的发卷，使下颚看起来比较敏锐。斜分的长刘海，把侧面整出量感。头发比较多时，可以剪出层次感，使其显得比较轻快。

长脸型很显脸型的棱角，可以选用稍长的顶部与中间收缩的X线型轮廓，有小脸功效，同时又使面部轮廓变得更清晰。沿面部轮廓内卷的发型突出美丽的下颚，更能很好地修饰脸型的棱角感。

瓜子脸适合自然的长发，发尾快要直掉的随意小翻卷，轻快地环绕在面部周围，营造出动态感。发梢不要削得过薄，稍微留下一点厚重感就更好了。

2. 头较大该如何选择发型

选发型的时候注意以下四点，或许能让你的头“小”一点。第一，一般来说，头大的人脸应该也不会太小，所以过于蓬松的发型不要留！不仅不合适，而且还会让你的头显得更大。而中长波浪卷这样的发型，在整体造型上不算十分蓬松也不算贴头皮，刚好能修饰你的头大或脸大的问题。第二，斜刘海发型很适合头大脸大的人，三七分或者中分的比例，都能在视觉上显脸小。第三，选择直发，为了不让头显得更大，还可以用直发来修饰头型和脸型，同时黑长直也能够给你一丝清纯的校园女神范儿。第四，有层次感的发型，在一定视觉效果上会有显脸小的感觉，头顶头发比较厚发尾比较薄，这样看起来就能营造瘦脸修颜效果了。

3. 发质与发量

各人的发质不一，不同的发质适合不同的发型。

柔软的头发：这种发质比较容易整理，不论想做任何一种发型，都非常方便。比如：俏丽的短发，能充分表现出个性美。

自然的卷发：自然卷曲的头发，稍加利用，就能做出各种漂亮的发型。如果将头发剪短，卷曲度就不太明显，而留长发才能显示出其自然的卷曲美。

服贴的头发：这种发质的特点是头发不多不少，非常服贴，只要能巧妙修剪，就能使发根的线条以极美的形态表现出来。这种发质的人，最好将头发剪短，前面和旁边的头发，可以按自己的爱好梳理，而后面则一定要用能显示出发根线条美的设计，才是理想的发型。

细少的头发：这种发质的人最好留长发，将其梳成发髻才是最理想的，因为这样不但梳起来容易，同时也能比较持久。通常这种发质缺乏时尚感，可以辅之以假发。

直硬的头发：这种发质要想做出各种各样的发型是不容易的。在做发型以前，最好能用油性烫发剂将头发稍微烫一下，使头发能略带波浪，稍显蓬松。在卷发时最好能用大号发卷，看起来比较自然。由于这种头发很容易修剪整齐，所以设计发型时最好以修剪技巧为主，同时尽量避免复杂的花样，做出比较简单而且高雅大方的发型来。

五、气场独具我风格

不同场合，穿出不同的风采。生活中，不少女性都肤浅地认为，穿着服装仅仅是为了美，为了漂亮，所以经常会凭自己的直觉和个人的爱好来选择服装。殊不知，在合适的场合穿合适的衣服才是最基本的礼仪。其实，穿衣服最简单的一点，就是要遵循国际通用的着装规范——TPO原则。

TPO是三个英语单词的缩写，分别代表时间(Time)、地点(Place)和场合(Occasion)，说的是着装要符合时间、地点和场合。不同场合有不同的着装特点，如果在选择服装时能够注意这些的话，就会让你在通往成功的路上事半功倍。着装场合，可以分为如下几类，不同的场合对于着装的礼仪有不同的要求和规范。

1. 职场

职业场合，着装要求庄重保守。职业交往通常都是在办公室里或者谈判桌旁，这一类场合的服装要求庄重保守，有三类服装符合这个要求：一是制服；二是套装，女士应当穿裙套装；三是女士可穿长裙。商务场合最不应该穿的是时装和便装。办公室内的着装是要求最高，也是禁忌最多的。

对女性来说在职场着装要注意：不要过分杂乱、鲜艳，不要过分暴露、透视，不要过分短小、紧身。

黑色皮裙、长筒袜有洞都是职场不适合的装扮。鞋裙之间不要有空隙，即袜子的上沿要高于裙子下摆。

2. 社交

社交场合，穿着要符合情境。社交是女性的对外交往，对外交往的着装对于女性礼仪来说是最大的考验。主要包括以下几个场合：一宴会，二舞会，三音乐会，四聚会，五普通的串门。

这几个场合中，参加日常的聚会和普通的串门，穿着自己日常喜欢的衣服就可以了，但是宴会、舞会和音乐会都有特别的着装要求。

参加音乐会，尤其是西洋音乐会，女士要尽量穿小礼服或者不那么古板的套装裙。音乐会在国外是非常优雅的文艺活动，所以赴音乐会的着装都比较正式，而国内相对国外来说重视程度没那么高，但是也一定不能穿着随便。很多音乐会礼堂都禁止穿背心和拖鞋的人进入。

参加宴请时，女士要穿裙装，而且长裙要过膝。穿长裤不符合礼仪规范，会被认为过于随意，正式场合不能穿凉鞋。如果不了解要参加的晚会有什么着装要求，穿多点比穿得太少好。在我国，正式的社交场合的礼服是旗袍，旗袍也非常适合中国人的体型和气质。穿旗袍时，鞋子、饰物要配套，应当戴金、银、珍珠、玛瑙材质的项链、耳坠、胸花等。宜穿与旗袍颜色相同或相近的高跟或半高跟皮鞋。裘皮大衣、毛呢大衣、短小西装、开襟小毛衣和各种方形毛披肩，可与旗袍配套穿着。

在特定场合，着装要格外注意，参加舞会应该穿裙子和舞鞋，最好不要穿得太暴露，并且穿好底裤，以免在现场出现走光的现象，非常不雅观。

3. 婚礼和葬礼

参加婚礼和葬礼这样特殊的场合也有特别的着装禁忌。

参加葬礼，原则上只能穿黑色或者深灰色的西服套装，以表示对死者和死者家属的尊重。切忌穿鲜艳的衣服和款式过于新潮或者暴露的衣服，这是最起码的常识。

参加婚礼，当然应该穿着喜庆和漂亮，但是一定不能穿白色的纱裙，以免和新娘撞衫。而国内的婚礼往往中西合璧，因此也要避免穿红色的衣服。其他的颜色和款式漂亮的衣服都可以，但切忌喧宾夺主。参加别人的婚礼，你穿着一身亮片的晚礼服就去了，结果所有人都不看新娘而看你，那是非常不礼貌的，也会让自己尴尬。

除了上面说的场合之外，还有一些比较特定和特别的场合，着装就需要符合特定场合的需要和自己出席的目的。比如参加孩子的毕业典礼，肯定要穿得漂亮但是不失庄重，在中国参加毕业典礼套装刚刚好，穿旗袍和晚礼服就会让人觉得过分隆重了。

六、点睛搭配看饰品

逛街的时候我们经常会发现，柜台上那些琳琅满目的配饰常常吸引众多女性朋友的眼球，就算不买，也要饱一下眼福。可见，除了衣服以外，配饰对于女性的整体着装有极其重要的作用，使用得当则可以起到“锦上添花”的效果。

1. 首饰

首饰是许多女性的挚爱，也是在女性身上最常见的一种装饰，比如戒指、耳环、项链等。佩戴饰品应当以适度为基准。一般来说佩戴首饰有三个原则。

简洁原则：戴饰品一个最主要的原则就是贵精不贵多，忌讳把全部家当都往身上戴，整个人就像一个饰品展销会，会给人一种很庸俗的感觉。国际礼仪中，穿晚礼服的时候，如果戴了耳环就不戴项链，如果两个大面积的首饰都出现在头部，会显得非常多余，而被认为不懂得礼仪。

色彩原则：佩戴饰品时应讲究力求同色。若同时佩戴两件或两件以上的饰品，应使色彩一致或与主色调一致，千万不要打扮得色彩斑斓，像棵圣诞树，否则效果只能是令人厌烦。

习俗原则：佩戴首饰一定要根据当地的风俗和人情来进行，不能犯了当地人的忌讳。

2. 丝巾

“丝丝入扣”的美丽丝巾对于女人来说应该是她的第二挚爱。相信每个女人的衣柜里面或多或少地都搭着那么几条美丽的丝巾。可以说，丝巾是女人飘动的情绪，总在不经意间轻轻流露，每条丝巾的每种打法都反映着女人不同的心态和情怀。女人的缤纷生活，不能只靠美丽的衣物打扮，美丽必须是全面性且面面俱到的。适合的妆彩、合宜得体的衣着打扮，全是营造出美丽形象的必要条件。利用不同的丝巾配件，搭配出适合各种场合的穿着，让女人整体造型更臻完美。

3. 帽子

帽子佩戴要合适。帽子既有实用功能，又有审美装饰功能，同时还是一种礼仪的象征。一顶合适的帽子，加上得体的戴法，能够衬托出一个人的身份、地位和修养，也能掩盖不尽如人意的脸型或头型的缺陷。国外参加正式的仪式一般都要戴帽子。穿礼服须戴黑帽子，而参加正式宴会穿晚礼服时，绝不能戴帽子。在庄重严肃的场合，如参加重要的集会、升旗仪式时，除军人可以戴帽行军礼外，其他人应一律脱帽以示敬重。在悲伤的场合，如在追悼会、殡葬仪式上向遗体告别时，都应脱帽。

4. 包

“包”揽女人心，俗话说“男人看表，女人看包”。女性无论是逛街购物还是上班，都习惯拿一个皮包，这不仅仅是因为它方便于存放个人用品，而且还能起到装饰的作用。夏天，提一只白色手袋，使人感觉整洁清爽，与深色服装搭配，显得妩媚；与浅色服装搭配，则有一种典雅韵味。

七、纤纤玉手配靓甲

爱美的女士们绝对不会忽视她的一双手。露出衣袖外的一双手，可看出你对仪容的关注。除了涂上润肤霜以保持双手肌肤健康外，一双纤纤玉手配上精心修饰的指甲，一定会让他人感觉你很有女人味。

1. 注意指甲卫生

女性中常见的指甲卫生问题有以下几种：指甲内堆积污垢，这样非常失礼；指甲两边长满肉刺，这不仅影响美观，同时也反映你的健康状况欠佳；指甲端、边缘修剪不齐，留长指甲，很容易让人觉得你做事情是个随意应付的人。这些问题对于女性来说都是非常伤体面的，必须避免。

2. 如何修剪指甲

美甲师介绍，剪指甲并不是缩短指甲的最理想方式，使用指甲锉来锉短指甲比用指甲剪刀效果更好，除非想要一次缩短一截，剪短它会比锉短它来得快。首先，决定你想要的指甲是什么形状。方形的指甲除非很长，否则会显得呆板；圆形指甲，虽然容易折断，但看起来却十分优雅。圆形的指甲要从两旁磨向中央，锉出平滑的

弧度。千万别来回磨锉，因为这样会使指甲层龟裂。注意不要磨到角落里去，因为这会造成指甲长在肉里，严重的会变成甲沟炎。当然，锉指甲时，最好有一套优良的金刚砂锉刀，否则，过于粗糙且缺乏弹性的锉刀有可能会磨裂你的指甲。

3. 指甲美容

讲究礼仪的爱美女性也应当多花时间在美甲上。对于美甲，有几点是必须注意的：

① 在做完美甲之后要定期修补，以免涂抹的指甲油脱落得星星点点，指甲面色彩残缺不完整。

② 指甲的修剪最好在专业的美甲店里进行，不要自己修剪得光秃秃的，指尖圆滚滚的肉露在外边。如

果你的手指甲不是非常好看，这种对待指甲的方式可不是聪明的选择。留指甲是为了修缮不完美的手形，光秃秃的手指会令你的整体形象大打折扣。

③ 要避免所涂的指甲油颜色与唇膏和眼影的色泽不一致，会给人杂乱和不专业的感觉。一个得体的女性要经常修剪指甲，指甲的长度不应超过手指指尖。并且注意正确挑选指甲油的颜色，如果是职业女性，不要用太艳丽的指甲油。如果穿露出脚趾的鞋，又没有穿袜子，就一定要给脚指甲也涂上指甲油。如果你想让自己的形象更完美，不妨也为自己的指甲美美容。

八、最美还识女人香

每个女人都存在自己独特的一面，如何展现得更加淋漓尽致，这就需要用心挑选适合自己的香氛。

由于每一瓶香水是由不同的香料调配而成，而不同的香料所散发出来香气的时间也不同，所以每一瓶香水就有了它独特丰富的前、中、后味的变化，也就是俗称的前调、中调和尾调，也称头香、基香和末香。头香包含香水中最容易挥发的成分，维持时间短，是在香水擦后10分钟左右散发的香气，能给人最初的整体印象。比如柠檬等柑橘系的香味，开始散发清爽诱人的芳香，之后会很快消失。基香一般在香水擦后30~40分钟出现，散发香水的主体香味，是体现香水最主要的香型，一般至少维持4小时。比如花类的多属于基香类型。末香是香味最持久的部分，也是挥发最慢的部分，需30~60分钟才能闻到香气，味道可以维持一天或是更长。比如檀香木有一种非常持久的香味，起初闻时并不觉得香味有什么特殊，但时间愈久它愈能散发馥郁的香气。对香水的香味描述了这么多，就是想告诉大家，在你选购香水时，不要因为头香味道太浓或者你不喜欢而放弃选购某瓶香水，因为真正的香味是持久的基香和末香，想闻到这些香味就要给自己充分的时间，所以购买香水正确的方法，是将香水喷涂在手腕上，轻轻晃一晃，使香气与空气融合，首次闻头香需距离手腕两三厘米远，一小时后闻基香，谨慎的话到家闻末香，确定香味的接受度后，转天再来选购这瓶香水。这种闻香的方法虽然比较麻烦，却能让你客观地认清一款香水的独特个性以及前

后香味的变化。要找到一款适合自己的香水不是件容易的事儿，麻烦一点儿也是值得的，很重要的一点需要谨记，使用香水不是要你去迎合香水，而是让香水来适应你，因为香水是靠一个人的体温而蒸发香味的，所以同一种香水在不同人身上散发的气味是不同的。能让你觉得舒服自然，能体现你个性的香水，才是你的最佳选择。

香水通常是喷洒在人体热量挥发快、温度稍高的部位。香水经过人体的温度后和人自身的体味融合为一体，散落在空气中，散发出属于自己的独特味道。如果只是洒在衣角、裙摆处，便会少了这样一个与人体融合的过程，不仅少了个性，而且很快就会挥发掉，同时还损伤了衣物，这绝非明智之举。

香水喷雾法的基本原则是，首先把香水喷洒在空中，待香水水雾往下落时，低头张开双臂冲进香雾中转身，尽量让香雾均匀地散落到身体的各个部位，但切记不要昂头进入香雾，切勿让香雾散落到脸上，因为香雾中的酒精沉淀到脸上，经阳光照射后会在脸部产生斑点。总之，原则就是香精以点、香水以线、古龙水以面的方式使用。香水是一件看不到的华服，浓度越低，散得越广！

香水使用小窍门：

如果你是敏感性皮肤，可将香水喷在内衣、手帕、裤角或头发上，让香味随身体的摆动而散发，也可以在熨烫衣物时把香水滴在熨斗里，让香水随蒸汽均匀地进入衣服，散发淡淡的香气。谨记腋下和汗腺发达处是香水的禁区，香水与汗水的混合味道会“熏”人于千里之外。不要将香水洒在白色衣物、珠宝首饰及皮件上，因为香水中的酒精成分容易污染这些东西，留下痕迹，甚至损坏它们的质地。你得清楚，女人是需要香水的，无论会不会用你都得用，因为可可·香奈儿已经说了“不用就没有前途”。不管这是不是危言耸听，使用香水总是没错的，至少它能让你变得更优雅、更高贵、更有味道。因为有了香水，女人才更像女人，不是吗？

九、优雅仪态无声语

仪态，又称“体态”，是指身体在站、坐、行、蹲时所呈现出的姿态。仪态无时无刻不存在于你的举手投足之间，优雅的体态是人有教养、充满自信的表现。举止落落大方，动作合乎规范，是个人礼仪方面最基本的要求。

1. 优雅的站姿

站姿是一种静态的美，同时又是其他动态身体造型的基础和起点。站姿是衡量一个人外表乃至精神的重要标准。优美的站姿是保持良好体型的秘诀，良好的站姿可以体现出一个人的气质与修养。

正确的站姿：

两脚跟相靠，脚尖分开45° 到60° ，身体重心放在两脚上；或两脚并拢立直，两肩平整，腰背挺直，挺胸收腹。两眼平视前方，嘴微闭，微收下颌，稍带微笑。好的站姿，不只是为了美观，对于健康也是很重要的。

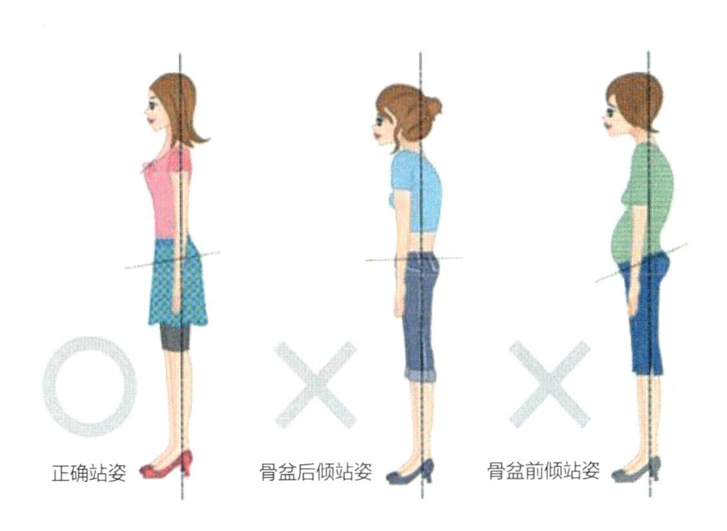

站姿的注意事项：

① 站立时，切忌东倒西歪、无精打采、懒散地倚靠在墙上或桌子上。

② 不要低着头、歪着脖子、含胸、端肩、驼背。

③ 不要将身体的重心明显地移到一侧，只用一条腿支撑着身体。

④ 不要下意识地做小动作，如抠鼻子、挠头等。

⑤ 在正式场合，不要将手叉在裤袋里面。切忌双手交叉抱在胸前，或是双手叉腰。

⑥ 要注意双脚双腿之间的幅度，且分开的越小越好，并拢最得体。

⑦ 不要两腿交叉站立。

2. 优美的坐姿

坐，是一种静态造型。在职场中，优雅的坐姿传递着自信、友好、热情的信息，同时也显示出高雅庄重的良好风范。良好的坐姿可以预防近视，增强自信心。坐姿是人体美态的外在表现，传达着丰富的信息，也可以显现庄重儒雅的魅力。

正确的坐姿：

入座后，上体自然挺直，挺胸，双膝自然并拢，双腿自然弯曲，双肩平整放松，双臂自然弯曲，双手自然放在双腿上或椅子、沙发扶手上，掌心向下。不论何种坐姿，上身都要保持端正，如古人所言的“坐如钟”。若坚持这一点，那么不管怎样变换身体的姿态，都会优美、自然。

坐姿的注意事项：

① 坐时不可前倾后仰，或歪歪扭扭；

② 双腿不可过于叉开，或长长地伸出；

③ 坐下后不可随意挪动椅子；

④ 不可将大腿并拢，小腿分开，或双手放于臀部下面；

⑤ 高架“二郎腿”或“4”字形腿；

⑥ 腿、脚不停抖动；

⑦ 不要猛坐猛起；

⑧ 与人谈话时不要用手支着下巴；

⑨ 坐沙发时不应太靠里面，不能呈后仰状态；

⑩ 双手不要放在两腿中间；

⑪ 脚尖不要指向他人；

⑫ 不要脚跟落地、脚尖离地；

⑬ 不要双手撑椅；

⑭ 不要把脚架在椅子或沙发扶手上，或架在茶几上。

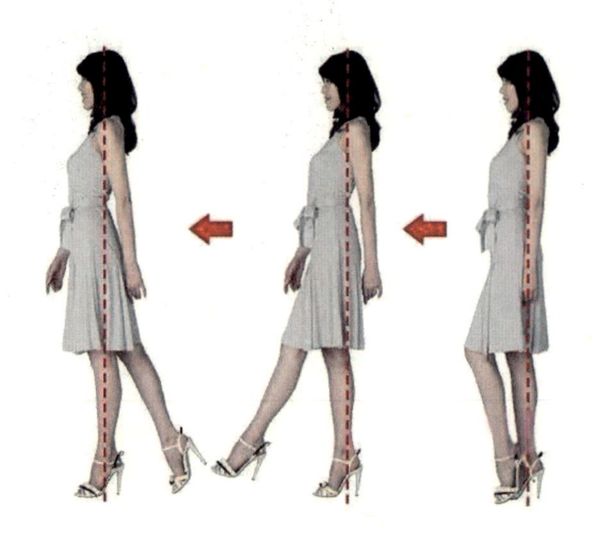

3. 优雅的走姿

行走中的步态称为走姿，走姿是人体所呈现出的一种动态，是站姿的延续。走姿是展现人的动态美的重要形式，行走时的节奏可以展现一个人的行事风格，也可以体现一个人的职业状态。一种协调稳健、轻松敏捷的走姿可以给人以美感。走路是“有目共睹”的肢体语言。

正确的走姿：

① 以站姿为基础，面带微笑，下颌微收，目光平视。

② 头正肩平，挺胸收腹，重心稍前倾。

③ 双臂自然摆动，摆幅在30° ~35° 为宜。

④ 步幅适度，步速平稳，两脚内侧落地时在一条直线上是理想的行走线迹。

走姿的注意事项：

① 行走忌内八字、外八字；不可弯腰驼背、摇头晃肩、扭腰摆臀。

② 不可走路时吸烟、进食、双手插在裤兜里。

③ 不可左顾右盼，不可无精打采、身体松垮。

④ 不可摆手过快，幅度过大或过小。

⑤ 注意行走时的先后顺序，不要争先恐后。养成主动让路的好习惯，遵守秩序，尽量不要超越前面的人。如果遇特殊情况需要超越时，要说“借过”“对不起”等。

⑥ 不要连蹦带跳，跑来跑去。即使遇到急事，也不要奔跑，可以选择加快脚步或加大步幅的方式。

⑦ 走路要轻，不要制造噪声，做到轻声慢步。

十、体态语言表对意

手势是人们交往时不可缺少的动作，是最有表现力的一种“体态语言”。俗话说：“心有所思，手有所指”，手的魅力并不亚于眼睛，甚至可以说手就是人的第二双眼睛。手势表现的含义非常丰富，表达的感情也非常微妙复杂，如招手致意、挥手告别、拍手称赞、拱手致谢、举手赞同、摆手拒绝。手势的含义，或是发出信息，或是表达感情，能够恰当地运用手势表情达意，会为交际形象增辉。

1. 请

“请”这个动作是引导礼仪中的一种。在接待宾客时，它往往是迎宾环节中最重要的一环，能够树立公司良好的社会形象，会给各界人士留下舒适、热情的服务形象。

“请”这个动作的要领是：指人、指物、指方向时，应当是手掌自然伸直，掌心向上，手指并拢，拇指自然稍稍分开，手腕伸直，使手与小臂呈一直线，肘关节自然弯曲，指向目标。

2. 鼓掌

鼓掌，虽名为动作，却有深厚内涵。鼓掌是一种毋庸置疑的意念，力量、喝彩、鼓舞、奋起，也表示喜悦、欢迎、感激的礼节。作为一种礼节，鼓掌应当做到恰到好处。

鼓掌的要点：应面带微笑，抬起两臂，抬起左手手掌到胸部，掌心向上，以右手除拇指外的其他四指轻拍左手中部。此时，节奏要平稳，频率要一致。鼓掌要适时适度，至于掌声大小，则应与气氛相协调为好。

3. 握手

握手，是一种礼节。在一切社会交往中，握手可以表达友好，加深双方的理解与信任，表示尊敬、景仰、祝贺、鼓励，并且往往象征着合作、和解、和平。

正确的握手方法是：握手时两人相距一步，双腿立正，上身稍向前倾，伸出右手，虎口相对，四指并拢，两人手掌与地面垂直相握，时长通常以3~5秒为好，握手的力度应适度，应有眼神和语言的交流，随后松开手掌，恢复原状。

4. 递接物品

递送时上身略向前倾，双手接取或递送；将文件或证件等正面向上并朝向对方。拿杯子要拿中下部，避免手部触碰杯口，如无人接，要轻拿轻放。递送笔、剪子、刀之类的尖锐物品时，避免尖锐部分朝向对方。别针之类的小东西，可以将它托在纸上或夹在上面递给对方。

5. 鞠躬

鞠躬，即弯腰行礼。同握手一样，也是表示对他人敬重的一种礼节。它不仅是我国的传统礼仪之一，也是很多国家常用的礼貌问候方式。在我国，鞠躬常用于晚辈对长辈表达由衷的敬意和感谢，也常用于服务人员对宾客致意，有时还用于向他人表达深深的感激之情或诚恳的道歉之意。

鞠躬礼要点：行鞠躬礼时，脱帽、立正，双目注视对方，面带微笑，然后身体上部向前倾斜15°～30°，低头，眼睛向下看。有时为深表谢意，前倾度数可加大。鞠躬礼毕，起身时，双目还应有礼貌地注视对方，使人感到诚心诚意。

十一、表情魅力无极限

中国有句古话："入门不问枯容事，细看容颜心便知。"可见表情是人们内心情绪的外在表现，最能够表现出人的真情实感。健康的表情应该是自然诚恳、和蔼可亲的，是一个人优雅风度的重要组成部分。同时，表情对人的语言起着解释、澄清、纠正、强化的作用。构成表情的主要因素是笑容和目光。

1. 笑容

笑容也是人们思想感情的外露。它具有沟通感情、传递信息的作用，能够消除人与人之间的陌生感，使人们相互交融、感染；创造融洽、和谐、互尊互爱的气氛，给予周围亲切、愉悦的感觉；减轻人们身体和心理上的压力。笑容有很多种，如大笑、微笑、怯笑、苦笑等，但其中最美的还是微笑。微笑是一种礼节，发自内心的微笑是渗透情感的，包含着对人的关怀、热忱和爱心。在人际交往中，为了表示相互敬重、友好，保持微笑是十分必要的。

微笑的标准：

① 放松面部肌肉；

② 嘴角微微上提，让嘴唇略成弧形；

③ 不牵动鼻子，不发出笑声，不露牙齿，尤其是不露出牙龈；

④ 眼中有笑意。

2. 目光

“眼睛是心灵的窗户”——目光是一种无声的语言。眼神可以表达有声语言难以表现的情感、对事物的反应、心理状态、对待人生的态度，以及一个人的内心世界。在人际交往中，一个良好的交际形象，目光应该是坦然、亲切、和蔼、有神的。我们要有意识地用眼神交流，正确表达内心的情感。

目光的注视区域：

在人际交往中，根据场合和交往对象的不同，注视他人身体的部位也有所不同。

① 社交凝视　注视区域是以两眼为上线，注视位置在对方唇心到双眼之间的三角区域。适用于一切社交场合的目光凝视。如同事间的交流，会营造一种平等放松的交往氛围。

② 亲密凝视　注视位置是对方双眼到胸部之间的区域。范围相对宽泛，适用于亲人、恋人、家庭成员之间的交流。在与他人关系比较生疏的情况下，选择这种方式凝视将会被视为无礼或者不怀好意，有非分之想。

③ 公务凝视　注视区域是以双眼为底线，注视位置在对方双眼到额头之间的区域。适用于洽谈业务或谈判等，给人一种严肃、认真的感觉。还会产生把握谈判主动权和控制权的效果。

目光的注意事项：

① 不可长时间将视线固定在注视位置上，或直视对方的眼睛。

② 不要盯住对方某一部位用力、长时间看，尤其是异性之间。

③ 与人说话时，目光集中在对方的下巴；听人说话时，要看着

对方的眼睛。这是一种既讲礼貌又不容易疲劳的方法。

④ 斜视或者偷偷注视对方，这样做容易使交往对象有被监视的感觉，自己的形象也会因此受损。

⑤ 如对对方谈话感兴趣，则应该用柔和、友善的目光正视对方眼区。

⑥ 如想中断谈话，可有意识将目光转向他处。

⑦ 谈判或辩论时，千万不要轻易移开目光。

⑧ 当对方说错话害羞时，不要马上转移视线。

⑨ 谈话时切勿东张西望或者看表，这是很失礼的表现。

⑩ 对他人上下反复打量，是一种怀疑挑衅的目光，会令人感觉很不舒服，甚至是厌恶。

⑪ 当他人遇到尴尬的事情时，应将目光自然地移开，不要投去探询、好奇的凝视。但也不要迅速转移，否则对方会以为在讽刺与嘲笑他。

CHAPTER 2

社交礼仪

古希腊先哲亚里士多德在谈及人类的基本特征时曾经指出：一个人在社会上如欲生存、发展，就必须以各种形式与其他人进行交往。一个人没有人际交往，不善于处理人际关系，就难言人与人之间的合作。而没有人与人之间的合作，任何人都难以生存、发展。

讲究公德，不仅是每一位公民的义务，也是社会稳定、有序发展的重要保证。在日常生活中，讲究公德与讲究礼仪的关系十分密切。公德是讲究礼仪的重要基础，讲究礼仪是讲究公德的具体表现。讲究礼仪就一定要讲究公德，而讲究公德反过来又必然会对讲究礼仪有所帮助。在社会生活中，既要懂得并应用礼仪，又要讲究公德。

一、面带微笑伸右手

握手礼是我们最常见的社交礼仪之一，那么如何掌握正确握手的礼仪呢?

握手的时候，一般情况下只能伸出右手，这一点一定不要弄错。伸出手时应该是手掌和地面垂直，手尖稍稍向下。握手的时间不能太短，也不能太长，一般和别人握手最佳的时间是3～5秒。

女士正确握手礼仪又有哪些呢?

让我们先来了解一下握手的次序。

在正式场合，握手时伸手的先后次序主要取决于职位、身份。而在社交场合，则主要取决于年纪、性别、婚否。

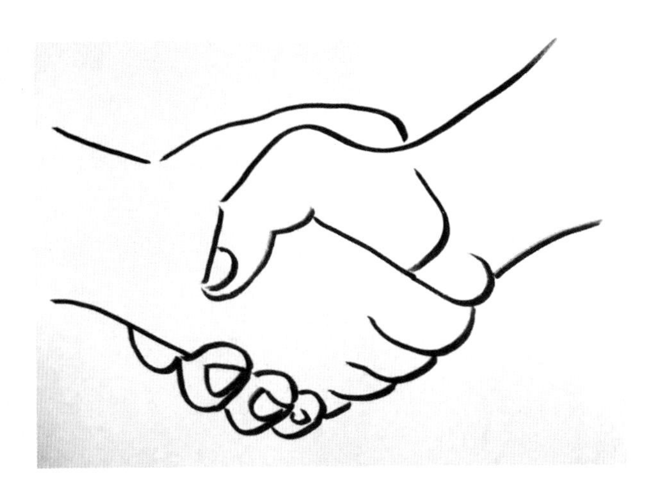

尊重对方是否愿意与你握手的意愿，而不是先伸手强迫对方与你握手，你可以流露出想要握手、想要结识的愿望。

· 女士与男士握手，应由女士首先伸出手来。

· 已婚者与未婚者握手，就由已婚者首先伸出手来。

· 年长者与年幼者握手，应由年长者首先伸出手来。

· 长辈与晚辈握手，应由长辈首先伸出手来。

· 社交场合的先至者与后来者握手，应由先至者首先伸出手来。

· 主人应先伸出手来，与到访的客人相握。

· 客人告辞时，应首先伸出手来与主人相握。

其次，我们要注意握手的**力度**。

有些女性与人握手，总是轻轻伸出手指，浅浅一握，甚至整个手掌都是直的，这个动作自以为优雅，其实却是对对方的不尊重。有些男士握手又太用力，看似表达深厚的感情，但很可能已经握疼了对方，而对方又有苦说不出。所以，过重过轻都不好，能够稳妥地握住对方的手就可以了。

再次，握手时的姿势应该什么样子呢？

握手是要传达给对方一种惺惺相惜或是愉快会面的感情，如果身体硬邦邦地直立不动，显得过于傲慢和轻视对方。一个良好得体的握手礼，一定是身体略微前倾，脸上带着愉快的微笑，说着“很高兴见到你”之类的寒暄来握手。在实施这个礼节时，非常忌讳握手的人左顾右盼或者心神不定，这样很容易让别人产生不愉快的感觉。

握手时要脱掉手套，女士除非穿着晚装，戴着装饰手套，否则不能隔着手套与人握手。如果你有抽烟的习惯，千万不要换手持烟而握手，应该把烟放下，再伸手相握。

最后，控制好握手的时间。

无论见面是多么高兴，或是能够与对方相识感觉多么荣幸，你最好还是要控制一下握手时间，毕竟长时间的握手，再加上心情激动很容易出汗，如果握手之后马上擦去手上的汗水，会使对方误会，但如果不擦，黏湿的手心又会觉得不舒服，所以，握手时间以3~5秒为宜，既可以表达心情，又不致使对方不便。

握手的注意事项：

除了这些技巧，还有一些事情也是应该注意的，比如，握手时，另外一只手不要拿着报纸、公文包等东西不放，也不要插在口袋里，而是自然垂放。

女士可以在社交场合戴着薄纱手套与人握手，男士无论何时都不能在握手时戴着手套；除非眼部有疾病或者特殊原因，否则不要握手时戴着墨镜；无论女士还是男士，不要轻易拒绝与他人握手；与信仰基督教的人不能四人交叉握手，任何类似十字架的形状，对他们而言都是不吉利的；握手时要控制好手部动作和时间，不要把对方的手扯过来、推过去或攥着不放；握手时，不要过分客气、点头哈腰或是唯唯诺诺，要大大方方、坦诚地做动作。

二、吻手礼与拥抱礼

吻手礼是流行于欧美上层社会的一种礼节。英国人和法国人喜欢“吻手礼”，在这两个国家，行这种礼的人也仅限于上层人士。一般情况下这种礼节都是在室内进行。吻手礼的受礼者，只能是女士，而且应是已婚妇女。

吻手礼是一种文化的传承，是爱情文化的传承，是西方交际的必要礼仪之一，它的来源是天鹅。天鹅是一种代表爱情的生物，在达·芬奇《丽达与鹅》中，天王宙斯爱上了凡间的丽达，就将自己变成天鹅，好与她接触。我们来观察我们的手，就会发现我们的手横放着很像一只天鹅。而吻手礼和《丽达与鹅》这幅画是相像的。鹅抱着丽达就像手握着女生的手一样，两人交际之后，就有可能是结为连理了。所以外国人的爱情会很开放。

在欧美各国、中东和南美洲，亲友、熟人见面或告别，常常使用拥抱礼或与亲吻并行。视场合和关系的不同，拥抱分为热情拥抱和礼节性拥抱。拥抱不但是人们日常交际的重要礼节，也是各国领导人在外交场合中的见面礼节。它和亲吻一样，是通过身体的某一部分的接触来表示尊敬和亲热。拥抱可以理解为缩短了距离的握手，或者是胸部的亲吻。

行吻手礼标准方式：男士行至女士面前距约80厘米，首先立正欠身致敬，女士先将右手轻轻向左前方抬起约60°时，男士以右手或双手轻轻抬起女士的右手，同时俯身弯腰以自己微闭的嘴唇象征性地轻触一下女士的手背或手指，要稳重、自然、利索，不能发出“吮”的声音，不留“遗迹”。行吻手礼仅限于室内，而且主要是男士向已婚女士表示的一种敬意。在法国、波兰和拉美的一些国家，向已婚女士行吻手礼，是男士有教养的表现。因此，在涉外场合，如果外方男士向中方女士行吻手礼时，应礼貌地予以接受。

拥抱的标准方式：两人相距20厘米相对而立，各自抬起右臂，将右手扶着对方的左后肩，左手扶着对方的右后腰，双方的头部及上身向左前方相互拥抱，礼节性的拥抱到此结束。但为了表达更为亲密的感情，在向左侧拥抱之后，头部及上身向右前方拥抱，然后再次向左前方拥抱，才算完毕。男女之间则抱肩膀，与此同时亲面颊的方式是左右左交替。作为公关礼仪的拥抱，双方身体不宜贴得太紧，拥抱时间也较短，更不能用嘴去亲对方的面颊。

三、宴会礼节与礼服

1. 常见宴会种类

宴会种类复杂，名目繁多。从规格上分，有国宴、正式宴会、便宴、家宴；从餐别上分，有中餐宴会、西餐宴会、中西合餐宴会。

这里介绍比较常见的几种宴会。

① 正式宴会—通常是政府和人民团体有关部门，为欢迎邀请来访的宾客，或来访宾客为答谢主人而举行的宴会。这

种宴会无论是规格和标准都稍低于国宴，不挂国旗，不演奏国歌。其安排与服务程序大体与国宴相同。女士应着套装或礼服，不宜穿裤子，也不宜穿短裙，以过膝的裙子为好。如果是晚宴，女士宜着晚礼服出席。

② 便宴。即便餐宴会，用于非正式的宴请。一般规模较小，菜式有多有少，质量可高可低，不拘严格的礼仪、程序，随便、亲切，多用于招待熟悉的宾朋好友。不用穿得太讲究、太正式，但也不要穿那些看上去夸张的服装或选择令人分心的装束，简洁大方的服饰和妆容依旧是魅力女性的主打。现在的便宴形式多样，比如亲子Party、睡衣Party、闺蜜Party等。

③ 鸡尾酒会。是西方传统的集会交往的一种宴请形式，它盛行于欧美等国家和地区。鸡尾酒会规模不限，灵活、轻松、自由。一般不设主宾席和座位，绝大多数客人都站着进食。各界人士可互相倾谈、敬酒。鸡尾酒会有时与舞会同时举行。

④ 冷餐酒会。是西方国家较为流行的一种宴会形式。其特点是用冷菜、酒水、点心、水果来招待客人。它可分为立餐和座餐两种形式。菜点和餐具分别摆在菜台上，由宾客随意取用。酒会进行中，宾主均可自由走动、敬酒、交谈。

2. 礼服的选择

根据穿着时间、场合的不同，在女士礼服的选择中可分为大礼服和小礼服，具体还可分为日礼服、晚礼服、鸡尾酒会服等种类。

那大礼服和小礼服有什么区别呢？

西式大礼服，也称大晚礼服，是一种袒胸露背的、拖地或不拖地的单色连衣裙式服装，并一定要配以颜色不同的帽子或面纱、长纱手套以及各种头饰和耳环、项链等首饰。大礼服适合官方举行的正式宴会、酒会、大型正式的交际舞会等。

小礼服为长至脚背而不拖地的露背式单色连衣裙式服装，其衣袖有长有短，着装可根据衣袖的长短选配长短适当的手套，通常不戴帽子或面纱。小晚礼服的地位仅次于大礼服，有轻巧、舒适、自在的特点，一般不会特别

复杂，但有着自己独特的设计点，所以，穿出去能凸显品位和气质。主要适合于参加晚上6点以后举行的宴会、音乐会或观看歌舞剧、鸡尾酒会、公司年会。但若你不是主角，最好不要穿颜色太抢眼的小礼服。

四、亲子Party有攻略

随着家庭成员的不断增加，使得家庭聚会频繁而多样化，越来越多的家长选择孩子们喜欢的节日，组织温馨的亲子聚餐或是亲子活动，下面就活动细节安排做个简单的介绍，以便更多的妈妈们不至于手忙脚乱。

第一步：时间的安排

亲子派对时间，可以选在午餐后或者晚餐前半小时，这样客人可以先吃点东西，冲淡见面的陌生和尴尬，很快地融入到派对现场中。派对持续的时间最好是两个小时，时间太长会让家长觉得疲劳。

第二步：选择合适的派对场地

根据要邀请客人的多少和派对预算选择一个场地，最好空间大一点，因为要做一些简单的游戏，适合孩子们在现场跑闹玩耍。

第三步：选择主题

如果您的孩子是女孩子的话，可以选择公主主题，给小公主们一个梦想的世界；男孩子们呢，就可以选择一个运动量稍大的主题，例如海盗主题或者太空主题，这样可以给好动的孩子们一个足够的施展空间。有主题的派对会显得很有

趣，操作起来也更容易，而没有主题也没关系，因为派对重要的是快乐而不是形式，只要孩子们得到了快乐，那就是一场成功的派对。

第四步：邀请客人

在邀请客人之前，有很多因素要考虑。首先要考虑的就是人数的问题，孩子与家长的人数要按照您的预算与场地来决定，空间不宜太拥挤。其次，我们要提前通知客人，让他们能自由地安排好自己的时间。一般派对妈妈可以提前一周发出邀请卡。在邀请卡上写好相关信息。

第五步：主题装饰

派对的装饰布置是调动现场气氛的重要环节。一般的儿童派对的装饰可以活泼自然些，而且有很多装扮元素，比如：气球、彩带、横幅、挂旗、鲜花、蜡烛。装饰对象可以是桌椅、墙壁、屋顶等。

第六步：设计游戏

孩子们的天性都是喜欢玩的。如果在派对里给孩子们设置一些游戏的环节，他们将会乐此不疲。如果孩子的年龄比较小，如3岁以下，可以请一位小朋友们熟悉的老师来帮忙。学龄前4～6岁的孩子可以和大人交流了，这个年龄段的孩了就可以和现场的主持人一起做有目标的小游戏，如抢坐板凳、击鼓传花等大家一起互动的游戏。

第七步：派对食物

在派对上的食物要兼顾好大人和孩子，在准备上就需要多费一些心思了。简单的主食和小菜是必要的，同时根据不同的季节也可

以做出相应的选择。如果是在炎热的夏天，最好为他们准备一些绿茶和清凉之类的饮料，清淡不上火的食物与水果也会比较适合。

第八步：回礼包

客人在参加生日派对的时候，一般都会送给小寿星礼物以表祝贺。在活动快要结束的时候，主人也会给每个小嘉宾回礼以示感谢，让参加派对的孩子们带着欢乐回家。

第九步：摄影摄像

每一个派对都会给孩子和大人留下很多美好的记忆。我们应该用相机和摄像机记录下这些精彩的瞬间，让他们在以后的日子里，想起这些事情回味无穷。

五、演出比赛好观众

目前舞台演出或是各项赛事多种多样，符合不同年龄的人，观看不同的演出也有着不同的要求。

首先是着装要适宜，出席室内演出，女士着装应端庄、大方、整洁。不要因为盛夏暑热而穿吊带背心、过短的短裤、拖鞋等出入演出场所，更不要穿着过于暴露的服装入场。

无论是哪一种活动，都要预留出时间。一般情况下提早15分钟进场，对号就座。如果迟到，应先就近入座，或在外厅等候，等到幕间休息时再入场。如果入座时打扰了他人，应表示歉意。如果戴着帽子，应摘下，以免挡住后边观众的视线。

从礼仪的角度出发，去剧场观看演出，迟到者应自觉站在剧场后面，只能在幕间入场，或等到台上表演告一段落时赶紧悄悄入

座，此时入场要弯腰行走，以免挡住其他观众的视线。从别人面前经过时，应面向让道者一边道谢，一边侧着身体朝前走，而不要背对着人家走过去。

进场后应主动摘下帽子，坐下后，不要左右晃动或在看台上来回走动，妨碍后排的观众。更不要把自己的脚伸到前面的座位上去，或架在前排座位的椅背上。这种行为，在公众场合中是极为令人厌恶的。

文明观演

观看演出时要保持安静。不大声说话或交头接耳；不随便走动；将手机关闭或调成静音状态。在观演过程中一般禁止饮食。不要随意拍照。

适时鼓掌，表达对演员、指挥的尊敬、钦佩和谢意。但要把握好时机，例如，当受欢迎的演员首次出

台亮相时应鼓掌；观看芭蕾舞，乐队指挥进场时应鼓掌；演奏会上，指挥登上指挥席时应鼓掌；一个个高难的杂技动作完成时应鼓掌；一首动听的歌曲演唱完毕时应鼓掌；特别注意的是，交响音乐会中乐队演奏完一支乐曲时、歌剧中独唱结束时、芭蕾舞独舞结束时方可鼓掌，中途不能鼓掌。

有序退场

中途要上洗手间，也要注意在幕间出入场，或等到台上表演告一段落时赶紧悄悄进行，不要妨碍他人观演。演出全部结束后，起立鼓掌；若演员出场谢幕，应再次鼓掌；谢幕结束后顺序退场。

六、博物馆里见人品

展览馆、博物馆是环境相对特殊的场所，这些场所一般展出的都是具有很高纪念价值的文物或艺术品，因此展览馆、博物馆都对馆内环境要求非常的高，对参观者也有着一定的礼仪要求。比如在着装方面，由于馆内的气氛都是高雅高尚的，所以如果参观者衣冠不整，就会和馆内环境产生非常不协调的冲突。尤其是在炎热的夏天，不少游客都喜欢到宁静清凉的博物馆里来参观，但有些参观者穿着背心、短裤，甚至拖鞋，一副“乘凉”的样子，其实这对博物馆里的其他参观者、工作人员以及展品都是一种不尊重、不讲礼仪的行为，会破坏整个参观环境。

展览馆、博物馆同图书馆一样，是一个十分讲究、安静的场所，安静的环境才能使参观者能静下心来感受艺术品带来的艺术美感。因此，参观者在馆内应该始终保持肃静，尽量不高谈阔论，更不能大声喧哗。有些参观者在参观时看到一些令人赏心悦目的艺术品，常常会兴奋地招呼同伴来看，高声呼喊同伴的名字；有的旅游团在馆内集合时，导游也会大声地寻找团员。这些做法都会导致馆内秩序混乱，影响他人参观的情绪，分散他人的注意力，是不文明、没有礼仪的行为。

展览馆、博物馆里展出的艺术品一般都是十分珍贵的，具有极高的艺术价值和经济价值。但少数参观者在参观时总是觉得“不过瘾”，一定要亲手摸摸展品，这种做法对展出的艺术品是一种极大的“伤害”，甚至会起到破坏作用。很多展览馆、博物馆都有“不要触摸展品”的规定，对于那些价值极高的文物，博物馆也采取了设玻璃罩、隔离线等的保护措施。但不是每一件展品都有防护措施，如果参观者不遵守基本的规定，展览馆、博物馆也“防不胜防”。

七、国人吃饭有讲究

由于中西方所处的自然环境和劳动方式的不同，使中西方在餐饮礼仪方面有许多差别。

1. 座次安排

过去中餐宴多为方桌，即常说的八仙桌，一桌坐八人。圆桌自20世纪70年代后才开始盛行，每张圆桌上的不同座次也有尊卑之分。中国人房屋建筑多以坐北朝南为主（这是为适应我国气候特点而确定的建房原则），正门在

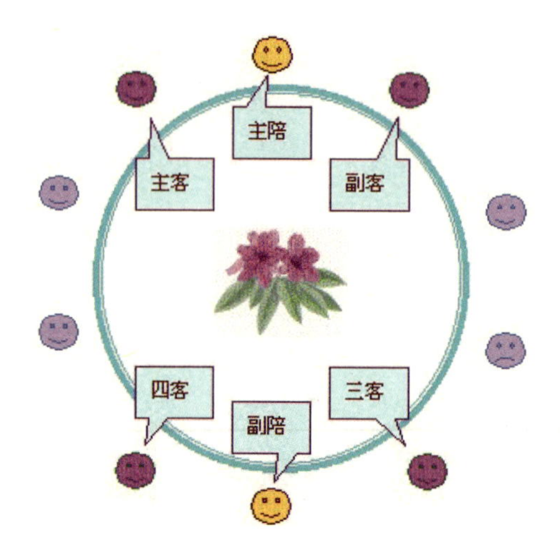

南，这样一桌中，以北为上，以左为上。即主宾坐在北面左位，面对正门，如图中1号位，1-2-7-8-5-3-6-4所示为由高至低的位次顺序，4号位执酒壶，是负责斟酒的人。主人坐在哪里呢？主人坐7号位，面对宾客，背对正门。当客人较多时主人也可让出7号位，在5或3号位置作陪。无论何时，主人也不可坐在2号位置。

现在较多的宴请改为圆桌，特别是在餐厅里。圆桌的座次可随意一些，但在正式宴请中，还是要讲究礼仪的。

当两桌竖排时，离正门最远的那张桌子是主桌。由三桌或三桌以上的数桌所组成的宴请，除了注意门面定位，以右为尊、以远为上等规则外，还应兼顾其他各桌离主桌的远近。通常，距离主桌越近，桌次越高；距离主桌越远，桌次越低。

每张餐桌上排列位次的基本方法有以下五点：主人大都应面对正门而坐，并在主桌就应。主宾和副主宾分别坐在主人的右侧和左侧。举行多桌宴请时，每桌都要有一位主桌主人的代表在座。位置一般和主桌主人同向，有时也可以面向主桌主人。各桌次的尊卑，应以与这桌主人的距离远近来定，离主人近的位置比较尊贵（与本桌主人距离相同的位次，则以本桌主人面向为准，主人座位右边的位置比较尊贵）。如果主宾身份高于主人，为表示尊重，可以安排在主人位子上坐，主人则坐在主宾的位置上。对于少于5人的便餐，位次的排列可以遵循四个原则：右高左低；中坐为尊；面门为上；灵活安排。

2. 中餐餐具的摆放和使用方法

① 筷子。筷子是中餐最重要的餐具。在使用当中，用餐前筷子一定要整齐地放在饭碗的右侧，用餐后一定要整齐地竖向放在饭碗的正中。不论筷子上是否残留着食物，都不要去舔；和人交谈时，要暂时放下筷子；不要把筷子竖直插放在食物上面；不能用筷子剔牙、挠痒或用来夹取食物以外的东西。

② 勺子。勺子主要是用来喝汤的，有时也可以用来取形状比较小的菜。用勺子取食物时，不要过满，免得溢出来弄脏餐桌或自己的衣服。用勺子取食物后，要立即食用或放在自己的碟子里，如果取用的食物太烫，可以先放到自己的碗里，等凉了再吃，千万不要

用嘴去吹，也不要把勺子塞进嘴里，或反复吮吸。

③ 盘子。盘子主要用来盛食物的，根据所盛食物的多少和形状不同而大小形状各异。稍微小一点的盘子为食碟，一般放在碗的左边，是用来暂放从公用菜盘里取来享用的菜肴。用食碟时，一次不要取过多的菜肴，不要把多种菜肴放在一起，以防它们相互串味。不吃的残渣、骨、刺应放在食碟的前端，放的时候不能直接从嘴里吐在食碟上，要用筷子夹放到碟子旁边。

④ 水杯。水杯主要用来盛放清水、汽水、果汁、可乐等饮料，一般放在碟子的左前方。不要用它来盛酒，也不要倒扣水杯。另外，喝进嘴里的东西不能再吐回水杯。

⑤ 餐巾。在用餐前，比较讲究的餐厅或主人，会为每位用餐者

上一块湿毛巾，它只是用来擦手的，擦手后，由服务员或主人拿走。有时候，在正式宴会结束前，会上一块湿毛巾，它是用来擦嘴的，不能擦脸、抹汗。

⑥ 牙签。剔牙时，应用另一只手掩住口部，剔出来的东西，不要当众查看或再次入口，也不要随手乱弹，随口乱吐。剔牙后，不要长时间地叼着牙签。

3. 用餐过程中应注意的礼仪

① 餐桌上取食的礼仪。中餐的取食原则：菜品需由主宾先取；取菜时，不要取得太多；邻座的男士可以替女士服务。敬酒应以年龄大小、职务高低、宾主身份为序，要先给尊者、长者敬酒。应注意的事项：取菜时不要左顾右盼，在公用的菜盘里挑挑拣拣；多人一桌用餐，取菜应注意相互礼让，依次而行，取用适量；够不着的菜，可以请人帮忙盛取，切忌起身甚至离座去取；进餐时不要打嗝，吃面喝汤时

也不要发出“呼噜”声；假如打了喷嚏、肠鸣、咳嗽，应说一声“对不起”之类的话以示歉意。

② 餐桌上交谈的礼仪。中餐讲究热闹，喜欢边吃边聊。交谈时注意几点：讲话要有分寸、有礼节、有教养、有学识；避隐私、避浅薄、避粗鄙、避忌讳，不宜深谈对方不感兴趣的话题；交谈中要神态专注，用词委婉，礼让对方。西方餐桌上以静为主，进餐时与左右客人交谈，但应避免高声谈笑。不要只同几个熟人交谈，左右客人如不认识，可先自我介绍，别人讲话不可搭嘴插话。

4. 餐桌上离席的礼仪

中餐在宴会结束时，只能由主人来示意宴会结束；在主人和主宾离开座位后，其他宾客才能散席；主人应在门口为宾客送行；客人应向主人致谢；如果中途道别，只需和主人打个招呼或向左右宾客点头示意即可。

八、品茶论道见礼仪

低调的人，一辈子像喝茶，水是沸的，心是静的。一几，一壶，一人，一幽谷，浅酌慢品，任尘世浮华，似眼前不绝升腾的水雾，氤氲，缭绕，飘散。茶罢，一敛裾，绝尘而去。只留下，大地上让人欣赏不尽的优雅背影。——马德《低调》

女人品茶的确是一种美的景致，茶道的确含有深刻的文化精髓，而茶与禅的确有着一种浓稠得剪不断、化不开的千丝万缕的情结。很多时候，我们的感悟尽在一杯清茶之中。

1. 茶叶的种类、功效与作用

茶叶分为六大类：绿茶、红茶、黑茶、乌龙茶、黄茶、白茶。

绿茶品种有西湖龙井、洞庭碧螺春等。它具有抗菌、整肠的功能。

红茶以福建正山小种、闽红，安徽祁红最为著名。它品性温和、香味醇厚，可以帮助胃肠消化、去油腻。对脾胃虚弱的人来说，喝红茶时加点奶，可以起到一定的温胃作用。

黑茶最常见的就是普洱茶了，它可以有效地降脂、减肥，软化人体血管。

南方比较多见饮用乌龙茶，可以使血中维生素C含量维持较高水平，尿中维生素C排出量减少。乌龙茶是瘦身不可多得的减肥品。饭后一杯乌龙，茶中含有的多酚类具有抑制齿垢酵素产生的功效，可以防蛀牙。乌龙茶还可以改善皮肤过敏。

黄茶是沤茶，在沤的过程中产生的消化酶，可保护脾胃，提高食欲，帮助消化。消化酶能恢复脂肪细胞代谢功能，化除脂肪。

白茶是一种轻微发酵茶。白茶具有降血压、降血脂、降血糖的保健功效，同时还有养心、养肝、养目、养神、养气、养颜的养身功效。

2. 泡茶步骤

本是一泡好茶，为什么却被你泡得滋味那么苦涩、香气那么低沉？甚至让喝你茶的人都怀疑这款茶是不是值得买？而又为什么，有些人往往能将很普通的茶，泡出它最好的那一面？这里我们来聊聊正确的泡茶步骤。

第一步：洗净双手准备好茶具。

第二步：烫杯温壶，也就是把泡茶器具都用开水冲洗一次，目的也是为了卫生清洁，同时给茶具预热，这样泡出来的茶的味道更香。将沸水倾入紫砂壶、公道杯、闻香杯、品茗杯中，烫杯的同时也可以请朋友们欣赏茶具。

第三步：马龙入宫，把茶叶放到器具里，也就是放茶过程。名字叫得好听，程序简单，表演可以适当加入花式，更具有茶韵。

第四步：洗茶。将沸水倒入壶中，让水和茶叶适当接触，然后又迅速倒出。这是为了把茶叶表面的不清洁物质去掉，还有就是把没炒制好的茶叶过滤掉。

第五步：冲泡。把沸水再次倒入壶中，倒水过程中壶嘴“点头”三次，不要一次把壶倒满。这道程序也称为“凤凰三点头”，表达向客人示敬。

第六步：春风拂面，完全是表现技巧美观需求。水要高出壶口，用壶盖拂去茶末儿，把浮在上面的茶叶去掉，为的是只喝茶水，不要让上面浮的茶叶到口中。

第七步：封壶。盖上壶盖，保存茶壶里茶叶冲泡出来的香气，用沸水遍浇壶身也是这个目的。

第八步：分杯。准备喝茶开始的步骤，用茶夹将闻香杯、品茗杯分组，放在茶托上，方便加茶。

第九步：玉液回壶。轻轻将壶中茶水倒入公道杯，使每个人都能品到色、香、味一致的茶，给人精神上的享受和感官上的刺激。简单点说就是给客人每人一杯茶。

第十步：分壶。将茶汤分别倒入每个客人的闻香杯，茶斟七分满，表示对客人的尊敬。

第十一步：奉茶。把杯子双手送到客人面前。注意倒茶礼仪，以茶奉客为中国古代礼仪之本。

3. 喝茶禁忌

一忌空腹饮茶。空腹饮茶，茶性入肺腑，会冷脾胃，等于“引狼入室”。我国自古就有“不饮空心茶”之说。

二忌饮烫茶。太烫的茶水对人的咽喉、食道和胃刺激较强。饮茶的温度宜在56℃以下。

三忌饮冷茶。温茶、热茶能使人神思爽畅，耳聪目明；冷茶对身体则有滞寒、聚痰的副作用。

四忌浓茶。浓茶含咖啡因，茶碱多，刺激强，易引起头痛、失眠。

五忌饭前饮茶。饭前饮茶，会冲淡唾液，使饮食无味，还能暂时使消化器官吸收蛋白质的功能下降。

六忌用茶水服药。茶叶中含有大量鞣质，可分解成鞣酸，与许多药物结合而产生沉淀，阻碍吸收，影响药效。所以，俗话说："茶叶水解药"。

七忌饮隔夜茶。因隔夜茶时间过久，维生素已丧失，而且茶里的蛋白质、糖类等会成为细菌、霉菌繁殖的养料。

九、西式餐点有原则

1. 西餐桌次安排原则

与中餐宴会不同的是，西餐宴会采用长形桌，并且每桌人数没有确定限制，如果人数较多，可以在一张长长的桌上共同进餐。但总体的规则有两个：一是离主席台最近的为主桌，离主桌越近的桌次位次越高；二是右高左低。

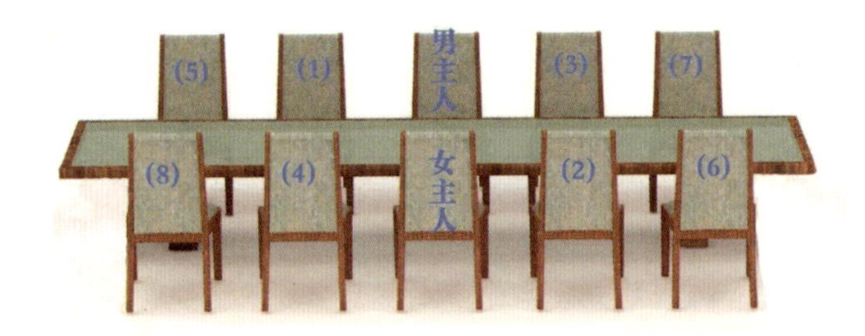

2. 西餐餐桌礼仪

在正式宴会上，桌次的高低尊卑，以距离主桌的位置远近而定，越靠右的桌次越尊贵，在同一桌上，越靠近主人的位置越尊贵。在正式宴会上，英国式座位的顺序是：男女主人坐在桌子的两头，客人男女错开坐在桌子两侧，男主宾和女主宾分别坐在女主人和男主人的右边。如果客人中没有主宾，女主人可把客人中年龄最大的女士安排在男主人右边。在非正式宴会上，遵循女士优先的原则。如果是男女二人进座，男士应请女士坐在自己的右边，还要注意不可让她坐在人来人往的过道边；若只有一个靠墙的位置，应请女士就坐，男士坐在她的对面；如果是两对夫妻就餐，夫人们应坐在靠墙的位置上，先生们则坐在各自夫人的对面；如果两位男士陪同一位女士进餐，女士应坐在两位男士的中间；如果两位同性进餐，靠墙的位置应让给其中的年长者。此外，男士应当主动为女士移动椅子，让女士先坐。

3. 西餐餐具的摆放和使用方法

① 餐具摆放和取用原则。餐具摆放时托盘居中，左叉右刀，刀尖向前，刀口向内，盘前横匙，主食靠左，餐具靠右，其余用具酌情摆放。酒杯的数量与酒的种类相等，摆法是从左到右，依次摆烈性酒杯、葡萄酒杯、香槟酒杯、啤酒杯。西餐中餐巾放在盘子里，如果在宾客尚未落座前需要往盘子里放某种食物时，餐巾就放在盘子旁边。餐具的取用应由外而内，切用时可以使用法式方式，即左手拿叉，右手拿刀，边切边用；也可用英美式，即右手拿刀，左手拿叉，切好后再改用右手拿叉取用。一般用右手拿汤匙和杯子，用

餐具把食物送到嘴里，而不要把盘碗端起来。

② 餐具的使用方法。使用刀叉进餐时，刀用来切割食物，叉用来送食物入口。使用刀时，刀刃不可向外，而且不可将刀叉的一端放在盘子上，另一端放在桌子上；进餐中需要暂时放下刀叉时，应摆成八字形，分别放置餐盘边上，刀刃朝向自己，表示还要继续吃；用餐结束后，将叉子的背面向上，刀刃向内与叉子并拢，平放于餐盘上，表示用餐结束。谈话时有肢体语言或传菜时，应将刀叉放下，不要手拿刀叉在空中挥动。用完刀叉后，应将其横放于餐盘中央，而不是盘边或餐桌上；放置方式为刀口朝着自己，叉口朝左，以保证取走时的安全。

餐匙可以分为两种：一种是汤匙，个头比较大，被摆放在右侧最外端，与刀并齐摆放；一种是甜品匙，个头比较小，被横摆在吃甜品所用的刀叉正前方。当用汤匙拌调味料时，需右手拿汤匙，左手拿叉。食物切好后，在盘中将食物与酱料一同舀起食用。喝完汤之后，应该把汤匙放在餐盘对面的一方。要注意餐匙绝对不能直接用来舀取任何主食或者菜肴，已经开始使用的餐匙不能放回原处。

在西餐中，吃不同的菜需要搭配不同的酒，通常不同的酒杯用来喝不同的酒。在每位用餐者右边餐刀的前方，会摆着三四只酒水杯，可依次由外侧向内侧使用，一般香槟酒杯、红葡萄酒杯、白葡萄酒杯以及水杯。

西餐的取食原则：进餐时尽量不要发出餐刀刮盘子的声音；就餐时尽量少说话，饭后吃甜点时才是聊天时间；喝汤时，用汤勺从里向外舀，不要发出声；吃面包时，先用刀将其切成两半，然后用

手撕成块吃；吃意大利面时，应用叉子慢慢将面条卷起来送入口中，如果不是条形的面，直接用叉匙舀起来即可；吃水果时不要拿着水果整个去咬，应先用水果刀切成几瓣，再用刀去掉皮、核，用叉子叉着吃。应注意的事项：不要用自己的餐具为他人夹菜；不要将盘子里的食物全部切好后再用右手拿叉子吃；骨头或者不吃的食物，不能扔在地上或放在台布上，而应当放在盘子的一角。

4. 程序复杂的法餐

法国美食教皇曾说“食欲和性欲一样”。其实，我倒是觉得法国人对美食的热情和执着远远胜过于他们对待情人：法国人可以为了在心仪的餐厅里占据一张桌子，提前半年来预订，经过半年的耐心等待，在某个晚上，盛装赴约。让我们先来看看法餐的上餐顺序：

Cold appetizer（冷开胃菜）

Soup（汤）

Warm appetizer（热开胃菜）

Fish（鱼）

Main course（主菜）

Sherbet（果子露）

Roast with salad（烤肉色拉）

Vegetable（蔬菜）

Sweets or dessert（甜品）

Savory（开胃小食）

Dessert or sweets（甜品）

法国人会把饮食看作生活中很重要的一部分。他们会花很长时间做料理，还喜欢边吃边聊，中餐会从中午12点吃到下午三四点。如果是一个正式的法餐邀请，除了准备好西装小礼服之外，还要留出充裕的时间。

由于法国的地理和气候环境适合葡萄生长，产出了很好的葡萄酒。酒对于法餐很重要。吃饭前有开胃酒。不同的菜也会配不同的酒，基本上红、白葡萄酒就能搭配所有餐点。

如果是一顿很正式的法餐，你的面前势必会有至少2副以上的刀叉。正确的用法是由外向内依次使用。用餐过程中，如果暂时离开或休息片刻，应该将刀叉交叉放在盘子里呈8:20状，刀子在下，叉子在上，叉齿向下，使刀叉看上去像个倒着的V形，以示还要继续用餐。就餐结束，刀叉平行斜放在盘子里，刀叉头指向10点处。

正式的法餐一般有五道菜：首先是头盘，一般是冷菜；第二道是主菜，鱼或肉；再来是奶酪；之后是甜点；最后来一杯咖啡。正规的主菜一般有两至三道。

一般来说，在正规法餐厅用完餐，应该付消费金额10%～15%的小费。

十、红酒品鉴按步骤

1. 观色

品酒的第一步就是“观色”。而观色的第一步，就是观察酒液的澄清度，通常情况下，我们所购买的葡萄酒都是清澈的，只有一些存在缺陷的葡萄酒才会出现浑浊的情况。不过，也有例外：一些装瓶前未经过滤或澄清的葡萄酒酒液也可能略显浑浊。观色的第二步就是观察酒液的颜色，在白色背景下，将玻璃酒杯倾斜45° 最便于观察酒液颜色。不同葡萄品种酿成的酒色泽不尽相同，陈年状态不同也会使颜色深浅不一，品酒者们可以通过下图的几个示例来判断颜色。

白葡萄酒的颜色介于青柠色到琥珀色之间，颜色愈深，愈能凸显酒款的陈年状态。若呈琥珀色，则表示该款酒可能曾被刻意氧化，或者即将超过适饮期。

红葡萄酒的颜色一般介于紫红色到棕色之间。酒液呈紫红色，则代表这是一款年轻的酒款，而平日里常见的葡萄酒的颜色多为宝石红色，说明酒液经过了一定时间的陈年。“石榴红色”和“棕色”则表示酒款已在瓶中陈年较长的时间。但是这并不是绝对的，酒款的质量决定了酒款的陈年潜力，有一些顶级酒款在陈年数十年之后依旧保持着年轻的色泽，而一些陈年潜力低的酒款，在储存一两年之后就已经呈现出棕色。

对桃红葡萄酒的颜色描述有“粉红色”“黄红色”和“橙色”等等。只有完全呈现出纯正粉色的酒液才可被描述为“粉红色”，其余泛有橙色的酒液应描述为“黄红色”或“橙色”。

2. 闻香

品鉴环节中的重头戏当属闻葡萄酒的香气。酒款中蕴含的各类香气，不仅为品酒者带来感官享受，还可以用于评定葡萄酒的质量。

闻香时应先摇晃酒杯，让香气充分释放，然后将鼻子靠近酒杯边缘，嗅一嗅，感知香气的纯净度和浓郁度。有些酒款香气充盈，只轻轻一嗅，就能立即闻到明显的芳香，而有的酒款香气则十分微弱，甚至难以察觉，这些都有助于品酒者判断一款酒的品质。

葡萄酒中蕴含的香气有多种类别，最常见的是葡萄带来的果香和橡木陈年带来的芳香，有时还会呈现出品种特有的花香和草木香气等。经过陈年的酒款还可能呈现出复杂的陈年香气，例如煮过水果、皮革或糖浆的香气。

3. 品酒

闻香过后当品酒。使用味觉品尝，需要考虑的因素增多，品酒者此时可多呷几口酒，以充分感受葡萄酒的甜度、酸度、单宁和酒精度。我们的舌尖最能感知甜度；舌头两侧则对酸度最敏感，一口酒饮毕，唾液分泌的越多，酸度就越高；单宁能让口腔表层皮肤收敛，这种干涩感在上门牙牙龈处最为明显；而酒下肚后，喉咙的灼烧感越强烈，酒精度就越高。

品酒时还需判断酒体轻重和余味长度。酒体一词也许略微抽象，但一般情况下，风味浓郁、单宁高和酒精度高的葡萄酒酒体较为饱满，而风味淡雅、酸度高和酒精度低的酒则酒体较轻。余味是指咽下或吐出酒液后香气在口腔内停留的时间，一款优质的葡萄酒余味往往能够持续一分钟或更长。

4. 评价

经过观色、闻香和品酒之后，品酒者此时已经可以对酒款做出相应的评价了。此时我们应该将酒的平衡度、浓郁度、余味长度和复杂度这四个因素考虑在内，从而对酒款的质量做出评价。一款好酒，在香气浓郁、风味复杂的同时，其任何一种香气和风味都不太过突出，口感的甜、酸、涩和酒体之间也能达到平衡，最后的余味亦是悠长而美妙。

十一、运动场合展魅力

随着人们生活品质的提升，社交场合已不局限于室内场所，很多时候室外运动也可以作为交际场所。同样的爱好，会让彼此的距离拉得更近。这里介绍几个近几年流行的运动与礼仪。

1. 高尔夫运动

高尔夫最初是英格兰落寞贵族消遣的一种方式。之所以说高尔夫是贵族运动，不仅仅是指高尔夫项目比较昂贵，最重要的是，高尔夫运动体现出来的文化和礼仪。

① 高尔夫球着装

打高尔夫球对着装有特别规定，这也是长期历史发展沿袭下来的高尔夫文化的一部分。高尔夫球服装以舒适整洁为原则，应着有领的上衣和长裤。禁止球员穿圆领汗衫、吊带背心、牛仔系列服

装。女性高尔夫服装可穿着短裤、短裙上场，里面要穿长过膝盖的打底袜裤。

② 携带用品

帽：高尔夫球运动中，并不存在严格意义上的专用球帽，只要能达到遮阳、避晒、御寒和防止头发散乱影响视线的各式帽子都可以使用。

球：下场时球包里要准备多一些球，由于部分球场的水池及OB区域特多，以防止打球时中途球不够，特别是初次下场的球场则更应该多准备一些球。

手套：男士一般只戴单手，女士可以戴双手或单手。

球伞：为防打球时遇到下雨而准备。一般高尔夫球伞都可防紫外线，因此也常用于遮阳。

③ 守时到达

守时是高尔夫球员必备的素质之一，要预留足够的车程时间，至少提前30分钟抵达球场，并在10分钟之前到达出发站等候开球通知，如果同组的球友迟到，而你需要等他一起下场，请通报出发台为你们另外安排出发组别，不可强行上场开球，干扰俱乐部的管理和其他会员打球次序。

④ 保持安静

高尔夫球是一项需球员精神高度集中的运动，任何响动都有可能影响击球质量，每个人在球场上都应该尊重其他球员，如果有人在旁边说话、谈笑、走动或整理、摆弄球包而发出响声，将很难令他人集中精神挥杆或推球，这是十分无礼的行为。有的球友很喜欢大声喧哗、大声说笑，这不但影响同组伙伴，并且干扰附近球道的球友。

2. 羽毛球运动

羽毛球运动的基本礼仪作为羽毛球运动的重要组成部分，是区别其他运动项目特点之一。

通过羽毛球场上的表现，便可观察到你是否理解它的文化内涵并尊重一起打球的同伴，进而对你个人的教养和人品作出评价。

从进入羽毛球场那一刻，就要遵守球场秩序，穿专用的羽毛球鞋，硬底鞋或带钉的鞋会损坏地面；赤脚和赤脚穿鞋入场打球是会被认为有失雅观的。运动服是必需品，即使你是着便服来到球场，也要在上场打球前主动换好运动服。如果准备穿短衣裤，就要提前与对方球友沟通，整齐划一。女球手可选择中袖或无袖上衣及短裙或连衣短裙。

严格遵守租用时间是毋庸置疑的，若自己不慎超时应主动道歉；当他人超时时，要用宽容的心态与他人交涉。若多人同时用一个场地时，场上球员不要霸着球场。当球落地时，一般情况下由球所在场地一方捡球，并将球用球拍发送给对方；球触网落在中间时，失误方应主动捡球，当对方捡球送你后，你应举拍示意或说“谢谢”。

打球时当你的球滚入邻场而邻场的球员正在练球时，请耐心等待别人击球结束。此时你若贸然入场捡球，会影响别人打球，还可能遭到“飞来横祸”。别人帮你捡了球，不要忘记说一声“谢谢”。

任何时候都不要触压球网，即使你在和对方进行语言上的交流。

要发球时，先看一看对方是否已做好了接球的准备，最好将球举起来示意一下。不要连看都不看就将球发出去，这样别人很可能接不到球，这也是对对手的不尊重。练球时，应主动告诉对方回球的质量，如球是“in”（界内）、“out”（界外）、还是半场或压线。

3. 车友户外运动

车友会的不断兴起，成就了一批人户外自驾游之梦，近到周末郊区烧烤，远至新疆、西藏，一排排奔驰呼啸的同品牌车队，很是拉风呢！无论是坐车人还是开车人，都要遵守一定的礼仪规范，方可在途中舒适、安全、惬意地旅行。很多时候，适合的时间不一定能碰到适合的旅伴，还是要多了解一下同伴的情况再决定是否参与活动。

在旅行前期，要与车队相关成员沟通好启程时间、人员座位安排、路线、休息点、加油点等相关事宜。在开车出行的过程中，需要注意遵守交通法规及行车安全。

CHAPTER 3

商务礼仪

职场礼仪是企业形象、文化、员工素质修养的综合体现，只有做好应有的礼仪，才能把企业在形象塑造、文化表达上提升到一个更高的位置。随着社会的快节奏发展，女性在社会当中的地位与日俱增，优雅得体、礼貌友善的女性形象能够潜移默化地展现个人的魅力，使自身印象值飙升。然而在这个修炼培养的过程当中，对于道德标准和文化修养的学习是提高整体的素质，开阔眼界，营造和谐广泛的社会人际关系的必然因素。

一、基本礼仪要遵守

① 介绍礼仪。首先，要弄清职场礼仪与社交礼仪的差别。职场礼仪没有性别之分。比如，为女士开门这样的绅士风度在工作场合是不必要的，这样做甚至有可能冒犯了对方。请记住：工作场所，男女平等。其次，将体谅和尊重别人当作自己的指导原则。进行介绍的正确做法是将级别低的人介绍给级别高的人。

② 道歉礼仪。即使在社交职场礼仪上做得完美无缺，也不可避免地会在职场中冒犯别人。如果发生这样的事情，真诚地道歉就可以了，表达出你想表达的歉意，然后继续进行工作。将你所犯的错误当成件大事，只会扩大它的破坏作用，使得接受道歉的人更加不舒服。

③ 电梯礼仪。电梯虽然很小，但学问不浅。首先，一个人在电梯里不要看四下无人就乱写乱画，将电梯变成广告牌。其次，伴随客人或长辈来到电梯厅门前时，应先按电梯按钮；电梯到达门打开时，可先行进入电梯，一手按开门按钮，另一手按住电梯侧门，请客人们先进；进入电梯后，按下客人要去的楼层按钮；到达目的楼层，一手按住开门按钮，另一手做出请出的

动作，可说：到了，您先请！客人走出电梯后，自己立刻步出电梯，并热诚地引导行进的方向。

④ 电子礼仪。电子邮件、传真和移动电话带来了职场礼仪方面的新问题。电子邮件是职业信件的一种，职业信件中是没有不严肃的内容的。传真应当包括你的联系信息、日期和页数。未经别人允许不要发传真，那样会浪费别人的纸张，占用别人的线路。

⑤ 商务餐礼仪。白领阶层的商务性工作餐是避免不了的。一些大公司、大客户，甚至通过工作餐很容易地对某人的教育程度和社会地位迅速做出判断。而且在某些餐厅必须遵守一些最严格的规定，因此在这方面应该具备一些简单的知识，有正确的举止和饮食方式，以免出丑或使客人尴尬。

⑥ 仪容与着装。在职场中，女子发型和面部的修饰是必不可少的，染、烫尽量以深色为主，头发保持干净整齐，否则会显得对对方不尊重。化妆切勿浓妆艳抹，以淡妆为主。

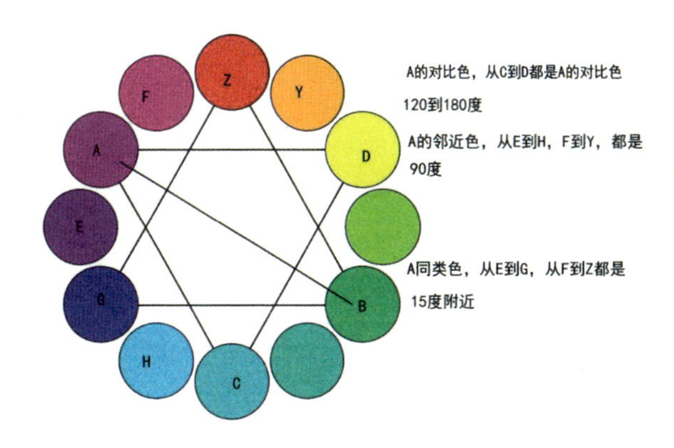

在与他人交谈时，我们要保持自然、柔和的微笑，给人一种谦逊、亲和、温柔的感觉。同时有意训练自身的仪容仪表，具备优雅的坐姿、站姿、走姿，凸显自己的气质。通过训练之后，在任何场合中，你的气质都能够由内而外地表现出来，给在场的人一种清新脱俗的感觉，自然而然地，你会成为人们心中的榜样形象。而后，就是着装了，端庄、严肃是必需的，尤其年过30岁，不要尝试穿低胸服装、露背服装或是透明露肉的纱织服装，更不要尝试网袜等夸张的饰品，否则很容易破坏和谐的氛围。

如果对于服装色彩没有什么感觉，可以采取同类色搭配的原则，如同色系深浅搭配；或对比色搭配。秋冬季节以暖色系为主，春夏可用冷色系的高明度颜色做衬托。许多时尚装扮借鉴了各国的搭配方式，例如上下呼应，衬衫与鞋子颜色呼应，裤子与背包颜色相近，耳环与项链材质一致。同时身上不应佩戴过多的首饰，以免显得过于累赘，缺乏职场独有的干练，且全身的搭配颜色最好不要超过三种。

另外，对于职场女性来说，在工作中会接触不同的合作伙伴和同事，我们在生活中结交朋友，往往没有什么特别的理由，而是因为对方一个得体的笑容或者一个优雅的肢体动作，给自己留下了良好的印象，由此在奠定了以后友好合作的基础同时，也增加了互为朋友的机会。

女性形象礼仪是一门很大的学问，每个职场女性都需要多了解一些，在平日的生活中多注意运用，慢慢地会发现自己变得大方得体，自己也会变得越来越自信。重视女子形象礼仪不仅仅是为了他人，更是为了自己。

二、会议准备重细节

会议的筹备工作表面上看显得纷繁复杂，但实际上还是有章可循的。具体讲要做好以下十项工作。

第一步：确定会议名称

会议名称也就是会议的题目，规范的会议名称一般由三部分组成：一是会议范围，二是会议内容，三是会议性质。其中会议性质包括“现场会”“启动会”“工作会”“座谈会”“研讨会”等。

第二步：初定会议步骤

会议步骤包括会议的议程、程序、日程等。议程是会议议题的先后顺序，是会议程序的基础。程序是对会议各项活动，如各种仪式、领导讲话、会议发言、参观活动等，按照先后顺序做出安排。日程是对会议的活动逐日作出的安排，是程序的具体化。会议的步骤是会议有条不紊进行的保证，一旦经过领导批准，切不可随意变动。

第三步：草拟会议通知

会议通知一般包括会议的名称、开会的目的和主要内容、会期、会议地点和食宿地点、与会人员、报到的日期和地点、需要携带的材料和数量及材料的打印规格、个人支付的费用、主办单位、联系人和联系电话等要素。会议通知最好由与会议主题相关的人员起草，这样更有利于通知的顺利起草。报请上级单位批准的会议，报送请示时，要附上会议通知的代拟稿。

第四步：会议经费预算

会议经费预算开支的项目，一般包括与会人员的食宿费、会场的租用费、会标的制作费、会务组和工作人员的费用等。如果需要邀请专家学者讲课、作报告，还要将专家的讲课费、交通费和食宿费等预算在内。

第五步：下发会议通知

会议通知务必经过处室领导审核，主管领导签发。下发会议通知要专人负责，避免遗漏、错发和重发。下发会议通知应注意两点。一是会议通知下发要及时。下发过早，参会人员容易遗忘；下发太迟，与会人员收不到会议通知，即使收到通知，难以安排手头的工作，也会降低会议的出席率。二是会议通知发出后要抓反馈。涉及多个部门、内容重要的会议要随会议通知附会议回执，内容包括参加会议人员的姓名、性别、民族、职务（职称）、联系电话、到会的日期、车次或航班号以及返程的日期、车次或航班号等。会前1～2天还要再次联系，以确保与会人员能够按时参会。

第六步：准备会议材料

会议材料主要有三种：一是会议文件，包括下发的正式文件、文件讨论稿或征求意见的文件；二是讲话材料，包括领导讲话材料、书面交流材料和会议发言材料；三是会议主持词。在这里笔者重点谈谈如何准备会议主持词，又叫程序稿，通过主持人在会议期间的讲话来体现会议的程序。主持词的起草要

注意三点：一是要力求文字口语化，因为主持词仅供主持人使用，其他与会人员没有主持词的文字稿，所以文字要通俗易懂，切忌出现晦涩难懂的古诗词，或过分华丽的辞章；二是要注意会议程序的衔接，讲话要承前启后，简明扼要地总结前面发言人的讲话要点，顺理成章地引出下一个发言人，语言要力求简洁，避免重复和啰唆，切忌话中套话，使人听不出头绪；三是主持词的内容要提纲挈领，不要有论述性的话语，篇幅不宜太长，以免冲淡会议的主题。

第七步：布置会场

开会要借助于一定的场所。会场条件的好坏、舒适程度的高低，对与会人员的心理会起到不可忽视的作用，直接影响到会议的效果。因此，要重视会场的选择和布置。

会场的大小要根据参会人数的多少来定，还要根据会议的需要考虑会场的设备，如会场的照明、空调、音响、录音、多媒体等设备。会场的布置是办会工作的一项重要内容，主要有几点。一是会标的布置。会标应与会议的名称一致，字数要少而精，如“全国卫生工作会议”。二是席位卡的摆放。主席台上摆放席位卡的原则是“左为尊，右为次”。主席台上就座的人数最好为单数，最主要的领导居中，其他席位卡按照先左后右的顺序分别依次摆放。三是主席台的摆放。一般有两种形式：其一，主席台高于台下的座位，适用于人数多、比较重要的会议，如报告会、工作会等，会场显得比较庄重、严肃、正规；其二，主席台与其他座位处于同一平面，适用于人数较少的会议，如座谈会、研讨会等，会场显得较随和，与会人员之间的关系显得平等。四是座位的安排。安排座位一般根据会议的性质。如果是座谈会，座位摆成回字形，回字的两边和底边可以多摆放座位；如果是向检查组、检查团汇报情况的汇报会，座位摆成回字形，但是回字的顶部和两边各摆一排座位，底边可多摆放几排座位。此外，还可以根据会议的气氛和会场的本身条件安排座位。

第八步：明确人员分工

会议的会务人员可分三个小组：一是秘书组，负责会议文件、领导讲话稿等材料的起草，整理会议记录，编发会议简报和会议材料的归档等工作；二是材料组，负责会议材料袋的购买、材料的装袋和分发，以及会议的签到等工作；三是接待组，负责与会人员的食宿安排、会场布置以及工作人员的安排，如礼仪人员、服务人员和摄影人员等，此外还要做好会议经费的预决算工作。

三、商务车座次安排

按照国际惯例，乘坐轿车的座次安排常规是：右高左低，后高前低。具体而言，轿车座次的尊卑自高而低是：后排右座（A）—后排左座(C)—前排右座(D)。一般情况下，公务车安排主宾坐在后排右座，此座位上下车方便，到酒店，门童都开这个座位旁的门，所以被称为公务接待上位。

另外还有两种特殊情况。

一是主人或熟识的朋友亲自驾驶汽车时，你坐到后面位置等于向主人宣布你在打的，非常不礼貌。这

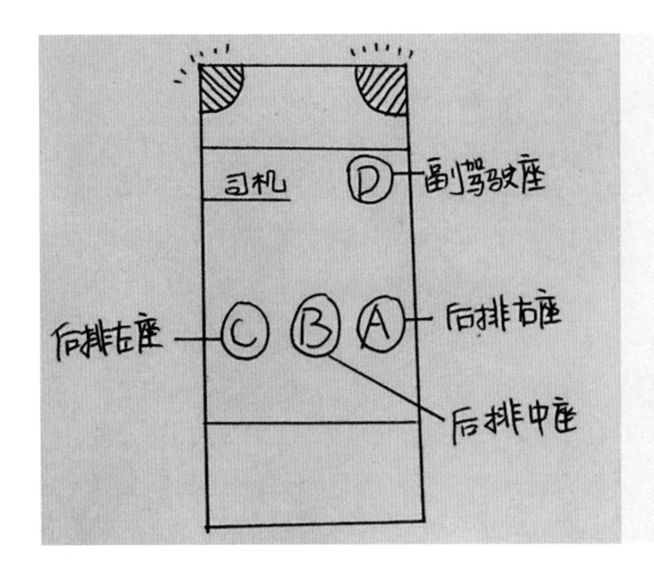

种情况下，副驾位置为上座位（D），又叫社交场合上座位。

二是接送高级官员等知名公众人物时，主要考虑乘坐者的安全性和私密性，司机后方位置为汽车的上座位，通常也被称作VIP上座位（C）。

最后再提示一点："公务车永远不要坐满。"这句话意味着公务车有一个座位不到万不得已，不要安排人坐在那里，这个位置永远都不可能成为上座，就是后排中间的座位（B）。这个座位一般是后排人放胳膊和茶杯的位置，不到不得已时请不要安排人坐，更不要将客户像夹馅饼一样夹在中间，这是很不尊重别人的行为。

四、商务拜访有技巧

商务拜访是职场人际交往中最常见的应酬活动，特别是女性，如果掌握拜访与迎送的技巧，定会让自己的气质悄然而生，备受欢迎。反之，拜访者如果唐突且没有礼貌是令人讨厌的。当你决定要去拜访某位商友时，应先写信或打电话与被访者取得联系，约定宾主双方都认为比较合适的会面地点和时间，并把参访人数和访问的意图告诉对方。

时间第一，不可失约。宾主双方约定了会面的具体时间，作为访问者应履约守时，如期而至，既不能随意变动时间，打乱主人的安排，也不能迟到早到，准时到达才最为得体。如因故迟到，应向主人道歉。如因故失约，应在事先诚恳而婉转地说明。

在做客时，谈话应围绕主题，态度要诚恳自然。如有长辈在座，应用心听长者谈话。做客的坐姿也要注意文雅。告辞要适时，“串门无久坐，闲话宜少说。”初次造访以半小时为宜，一般性拜访以不超过一小时为限。

女性在职场中的自我介绍也称为公务式的自我介绍，这种形式的自我介绍，主要适用于工作中。工作式的自我介绍的内容，应当包括本人姓名、供职的单位及其部门、担负的职务或从事的具体工作事项。

假如你应约参加个宴会，因为迟到，宴会已经开始了，而你的主人又没能把你介绍给来宾，在这种情况下，你就应该走到宾客面前，这样做自我介绍：“晚上好！各位，很抱歉来迟了。我叫×××，在××公司做××工作。”这样一番介绍，即可避免别人想与你谈话却不知你是谁的尴尬局面。

一个识“礼”的女人，在递上名片的那一瞬，就能体现一个女人良好的修养。

五、商务谈判与宴请

商务谈判时的位次有讲究，谈判是交往的一种特殊形式。由于谈判往往直接关系到交往双方或双方所在单位的切实利益，因此谈判具有不可避免的严肃性。举行正式谈判时，有关各方在谈判现场具体就座的位次，要求是非常严格的，礼仪性是很强的。

双边谈判指的是由两个方面的人士所举行的谈判。双边谈判的座次排列，主要有两种形式——横桌式和竖桌式，可酌情选择。

横桌式座次排列，是指谈判桌在谈判室内横放，客方人员面门而坐，主方人员背门而坐。除双方主谈者居中就座外，各方的其他人士则应依其具体身份的高低，各自先右后左、自高而低地分别在已方一侧就座。双方主谈者的右侧之位，在国内谈判中可坐副手。

竖桌式座次排列，是指谈判桌在谈判室内竖放。具体排位时以进门时的方向为准，右侧由客方人士就座，左侧则由主方人士就座。其他方面，则与横桌式排座相仿。

归纳起来，双边谈判时位次排列有以下四个细节需要注意。

① 举行双边谈判时，应使用长桌或椭圆形桌子，宾主应分坐于桌子两侧。

② 如果谈判桌横放，面对正门的一方为上，应属于客方；背对正门的一方为下，应属于主方。

③ 如果谈判桌竖放，应以进门的方向为准，右侧为上，属于客方；左侧为下，属于主方。

④ 进行谈判时，各方的主谈人员应在自己一方居中而坐。

多边谈判的座次排列，主要可分为自由式和主席式。自由式座次排列，即各方人士在谈判时自由就座，而无须事先正式安排座次。主席式座次排列，是指在谈判室内，面向正门设置一个主席位，由各方代表发言时使用。其他各方人士，则一律背对正门、面对主席位分别就座。各方代表发言后，亦须下台就座。

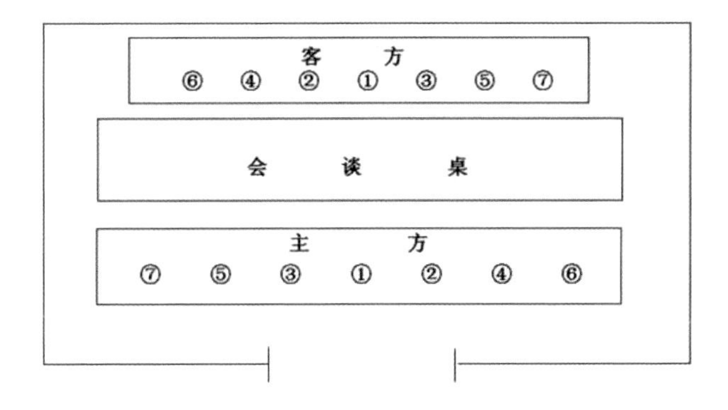

CHAPTER 4

魅力展现

一、做一个读懂丈夫的妻子

从单纯走向成熟，逐渐懂得了什么是真正的爱情，并非激情的火花四射，而是平淡的柴米油盐，彼此照顾。爱情如此伟大，是因为真正的爱情具有一种鼓舞人的力量，去发挥极大的创造力，使平庸变得不同寻常，使不可能变成有可能。

能够在事业上有所成就的男人，背后都有一个支持自己，让自己后顾无忧的贤惠妻子，虽然默默无闻，却给自己爱的人温馨、鼓励。

那么如何做好丈夫的贤妻呢？

工作中丈夫时常为琐碎的事情分心，要考虑家务事，考虑亲属的关系等，很多事情都要随时考虑。妻子主动承担起家务事，能自己处理的事情尽量自己来处理。不要把自己的丈夫安排在这些琐碎的事情上，每个人的精力是有限的，做好家里事情的话，肯定是影响他工作的。

丈夫专心于某项工作的时候，最忌讳扰乱思路了。例如，有时候看电视声音开得过大，或者无休止地和邻居拉家常，都会对自己的丈夫造成干扰。所以还是尽量照顾丈夫的需要。

丈夫需要视野开阔，一个人的力量是有限的，妻子闲暇时间可以帮助丈夫搜集一些“信息”。这样对自己也有帮助，同时也让丈夫了解一些平时涉及比较少的知识。

要想成为一个好妻子，明确以下几点很重要。

1. 学会知足常乐

女性大多是理想主义者，常常把自己期望的事情当作事实，然而真实生活中有太多的矛盾和不如意。母亲眼中的子女，都应该成龙成凤。殊不知，过高的希望常常带来更大的失望，于是女主人总是不满意，总感到现实不如想象的好，处于这种心态的女人很难成为良母。只有把期望值降下来，学会知足常乐，才能成为一个快乐、自信的好妻子、好母亲。

2. 学会自娱自乐

许多女人以为只要在家里对丈夫礼貌、体贴、服务周到，以为不让丈夫讨厌，就是个好妻子，于是便无休止地这样做下去。然而事实恰恰相反，久而久之，丈夫一定会厌烦。时时事事为对方着想，总是克制自己的需要、欲望，然后一一地牺牲，这实际上是不知不觉地让对方负疚。女人不必总是顾及别人，而应该大胆地做你认为应该做的、喜欢做的事情，开心就好。

3. 学会填补自己的空闲时间

丈夫工作忙，不可能一直在妻子的视线内，不要实时监控，一天打无数个电话，试图成为丈夫最理想的合作伙伴。在对待有事业心的丈夫时，你不可单单强调家务、生活等方面的辅助，更多的应是把丈夫的事业视作自己的事业，帮助搜集资料或是集思广益并参与其中，共同追求。这样的妻子，在丈夫事业向前迈进的时候，是永远也不会被遗落在背后的。

4. 用心的关怀和帮助

男人有时候是很脆弱的，尤其是当他陷入矛盾，遇到困惑，遭遇挫折时，更需要有一个温暖的家，一个体贴的妻子！因此，女人要细心观察、研究丈夫的情绪变化，在他们最需要的时候给予最恰当的帮助和最贴心的关怀，才有利于塑造美满的家庭，你的丈夫才会取得更大的成功。

5. 拥有自己的朋友圈与社交活动

一些女人结了婚，每天忙碌于家务与孩子之间难以自拔，放弃了自己的朋友和社交，这同时也是在限制自己的空间与眼界。要知道社会一直在向前行进，我们获知信息的方式固然越来越多，但是社会交往是必不可少的。千万不要排斥掉自己婚前的一切，更不要丢掉自己结婚前的那些朋友。而应该保持自己的幽默感与业余爱好，如果有可能要尝试体育运动，保持自己的身材与容颜，从而不断地丰富自己、更新自己、完善自己。

6. 懂得装扮自己

很多女人结婚后，开始变得邋里邋遢、不修边幅。这样的女人往往有如下心理。首先是结婚了，就没有必要吸引异性的注意，所以衣着随便，不再注意修饰。其次是懈怠心理。认为已为人妇，就不再对自己有要求，关于外形的一切都是得过且过的心态。要知道，爱美之心人皆有之，当一个男人因为事业筋疲力尽时，是希望看到一个善解人意、楚楚动人、富有青春活力的女人，还是希望看到整天忙于家庭琐事、不修边幅的家庭主妇呢？答案是可想而知的。因此，无论任何时候，女人都要懂得装扮自己，提升自己，要让你的丈夫依然宠爱你。

7. 学会维系亲戚间的感情

无论是自家亲戚还是丈夫家的亲戚，结婚后都是一家人。尤其对于公婆不要有间隙，那是抚养自己丈夫的双亲，任何时候都要真心以待，切不可有意疏远，更不要有别于自己的父母，买礼物尽量保持一致，过年过节要先到公婆家伺候。尤其不要在丈夫面前说公婆的不是，可以就事论事，不要掺杂过多的主观看法。

二、做一个宽厚待人的好主妇

“待人宽一分是福，利人实利己的根基。”宽容是一种美德。然而生活中，有这样两种截然相反的人。有人生怕别人舒服，总是话里话外让别人不舒服，而只要自己舒服就行。还有一类人生怕别人不舒服，尽量让别人舒服，哪怕委屈自己。

女性的柔美，很大一部分体现在处事和对人的态度上，嚣张跋扈、泼辣无度……这些让人听得头皮发麻的字眼，却在人群中极为多见。最好的教养，是懂得给人留点优越感。不仰望，不俯瞰，不卑不亢。实际上，这也就是我们生活中常说的，对人宽厚些，给别人留点“面儿”。无论在单位与同事相处，还是生活中与邻里之间，要记得看到别人的优点，善于赞扬他人，千万不要抓住别人难以启齿的话题问个没完没了。

记得去年暑假里，发生了这样一件事，至今令我难忘。因为家里的房子是单位分的，所以楼上楼下都是熟悉的人。楼上两家孩子高考，一个是年年市级三好学生，而另一个则是费了九牛二虎之力才挤上普通高中。高考后，前者不负众望，考上了本市一本的“985”院校，而后者则远赴异地，只为上个本科院校。其实对于成绩不怎么好的那家人来说已然是欣慰了，然而总是有些人分不清所谓的安慰到底该用到什么时候，偏偏说了句：“能有学上就挺好，总不至于高中毕业就去打工吧……”这话说得让人不知该怎么接下去，彼此对望便上了电梯。

其实生活中我们不难发现，层次越高的人，越懂得尊重别人，他们更懂得尊重中包含的平等、价值、人格和修养的意义。可有的人说话办事总是让别人不

舒服，久而久之，别人就会让你不舒服。给人难堪，并不能彰显个性，反而会让身边的朋友越来越少。

我的一位老师，今年已经80岁的老教授，白发苍苍，即便如此，在课堂上也会站着把课讲完；发信息会有礼貌地写好称谓，即使对自己的学生也是彬彬有礼。他的每一句话，每个动作，都能让人感受到宽厚与教养。

宽容的心态是梳理人际关系的润滑剂，是人与人交往的一种艺术，也是立身处世的一种态度，更是一种人格的涵养。每个人都希望得到别人的赞美和尊重，希望别人包容我们的过错，但如果你都不赞美和尊重别人，包容别人，怎么能得到别人的尊重和包容呢?

如果说平和的心态能让我们以从容和淡定笑对人生，那么宽容的心态则让我们用宽容的胸襟给自己留下一片海阔天空。如孔子说的“恕”，“己所不欲，勿施于人”是其一，而在他人给你造成了伤害后能尽量宽容是更高一层。还有学会“放下”，不要把所有的事情特别是不如意的事放不下。一要能容言，二要容嫌，三要容人，四要容错。宋代宰相韩琦有两件事，一是卫兵拿蜡烛为他照明时无意中烧了他的鬓角，二是一次宴会中一个官吏不小心摔碎了他十分珍爱的一对玉杯，韩琦都没有因此责罚卫兵和官吏，反而非常大度地关心和安慰对方。后人评价说：韩琦器量过人，生性淳朴厚道，不计烦琐小事。功劳天下无人能比，官位升到臣子的顶端，不见他沾沾自喜；经常在官场中周旋，也不见他忧心忡忡。可见，韩琦无论遇到什么情况，都能保持平和的心态，宽容待人，以此为官，也以此做人，一国之宰相能达到如此境界，的确难得。宽容待人是一种美德，以这种态度为人处世，就能赢得别人的尊敬。

付出的心态，是一种因果关系。舍就是付出，付出的心态是老板心态，是为自己做事的心态，要懂得舍得的关系。舍的本身就是得，小舍小得，大舍大得，不舍不得。不愿付出的人，总是省钱、省力、省事，最后把成功也省了。世界上没有免费的午餐，想想从古至今哪一位成功人士的里程碑能缺少艰辛的付出。俗话说得好，要想人前显贵，就得人后受罪，付出和获得是辩证统一的。

三、经营属于自己的幸福

关于幸福的话题，我们总会长叹一声，幸福易得，长久难得。要知道现代女性大都拥有自己的工作，有工作即有压力，能把工作与家庭调整得恰到好处实属不易。活得幸福的女人，既能够安排好工作的时间，又能够坚持学习，并且能够紧跟时代潮流，时刻把自己打扮得精致得体。

越来越承认一个事实，人与人之间的差别真的很大。不仅来自家庭背景的差异，更在于认知水平和性格习惯的迥异。有些女性总是在赶时间，上班迟到，送孩子晚到，就是与朋友约会都会晚上半个小时，更别提自己的梳妆打扮。如何让自己过得舒适自在，又不会错过一切重要的事情呢？有计划地安排自己的每一件事，远离拖延症是必需的。

前不久一部电视剧《欢乐颂》中，相信很多人都比较欣赏安迪这个人。她不但在工作上是一把好手，不上班的时候，安迪也有明确的计划安排，每天准时起床，核定数量的早餐，搭配舒适的服装与妆容。无论工作多忙，她每天都要抽出两个小时来学习。女人和女人之间的差距，并不是每天这短短的两个小时，而是日积月累下的两千个小时乃至两万个小时。胡适曾说过，你的空闲时间，决定了你人生的高度。

越是活得幸福的女人，她们对自己要求越高。她们不会轻易浪费自己的宝贵时间，当然也不会随意去践踏别人的时间，她们深知时间的有限和学习的持续性。

活得幸福的女人，会勇敢做自己，而不是取悦他人，跟谁在一起舒服自在，就走近谁。取悦别人，远不如愉悦自己。现代社会不同于曾经的大锅饭年代，大家闲来无事聊家常，做多少事情都是拿着那些工资。其实，每个人都是很忙的，哪有那么多时间去管他人的事情。只不过我们高估了自己的重要性，也夸大了别人对我们的看法。

香奈儿的传奇故事，简直就是女人们最爱喝的励志鸡汤。

如果你抱怨命运的不公，也许你真的需要好好看看这位伟大女人的一生。如果你没有公主命，请时刻备有一颗女王心。

出身贫寒的她，童年就寄宿修道院。她不在乎外界的评价，靠着个人的聪明才智，开服装店，不断开拓创新，引领时尚潮流。

这个孤傲的女人，不用法权，却统治得比任何一位法国总理都长；她每年拿出400个决策，个个像法律一样不可动摇，最后超越了法国国界；她开创了一个时代，铸造时尚传统。

一直很喜欢她的这句名言：我的生活不曾取悦于我，所以我创造了自己的生活。

活得幸福的女人，她们知道只有学会爱自己，做最好的自己，才能得到他人的爱和尊重。一个拼命取悦别人，不爱自己的人，是没有魅力可言的。

活得幸福的女人，她们理智而善良，有独立的人格。有人说，爱情始于冲动，却要终于理智，这样方能长久。当今社会，做男人不易，但做女人更难，做个幸福的女人更是不易。

其实每个人的人生，或多或少都会有不尽如人意之处。你必须非常努力，才能看起来毫不费力。并不是幸福的人没有烦恼，而是学会了正面看待。她们并不是没有压力，而是懂得释放心情。她们很清楚自己想要的是什么，而且会为了达成这个目标，付出数倍于常人的努力。她们懂得坚持的意义，就在于实现目标的过程。她们拥有独立的人格，洞察世间万象的眼光，不会为了谁而作践自己，更不会为了取悦别人而看轻自己。世界上最大的成功，就是按照自己的节奏，以自己喜欢的方式过一生。

自信、独立、优雅、知性，她们深知，只有好好爱自己，才有资格爱别人。也只有爱自己的人，才能得到别人的爱。

活得独立的女人，一定是幸福的，她们是人生的大赢家。

四、享受工作的乐趣

无论身处何境地，女人都要有自己的生活，自己的社交，更要有自己的工作。我的一个好朋友，结婚后就放弃了工作，成了家庭主妇，经济来源自然是不愁的，每天想的是美容、健身、美食，或是邀请朋友去她家的临海大别墅开Party。朋友圈更是羡煞旁人。不到半年，她就厌倦了所谓的“逍遥”生活，开始了打牌、逛街、购物狂阶段。再往后就开始找朋友抱怨自己的老公。听起来很八卦的事，却频频出现在身边，要知道社会人是无法脱离社会独立生存的。

在生命的旅途中，我们承担着家庭、社会双重的责任，扮演着妻子、母亲、女儿等多种角色，面对工作上的压力以及社会对女性的种种挑战，只有具有进取敬业、无私奉献的精神，才能全面、深刻地认识到女性工作的伟大意义，才能被女性工作本身所具有的乐趣而深深吸引。

做个有才气的知识女性，“腹有诗书气自华”，这是苏东坡的名句。旧社会人们认为“女子无才便是德”，其实这是人们拿封建皇权当作挡箭牌罢了。在二十一世纪的今天，女人要自立、自强并非是一句空话。作为新形势下的女性，要顺利地开展工作，就得有自立的能力，有自强的能量。

做一个有灵气的魅力女性，女人的美丽来自底气和才气，如果再加上那特有的灵气，即便长相一般，也会有一种魅力，那是一种由内而发的气质。

时光安然，岁月静好。

我们都在悄悄经历着关于成长的那些事儿，虽无倾国倾城貌，却可以优雅端庄的举止换得众人的青睐与钦佩。

礼仪，正是一层隐形的华服，在不着痕迹之处展示着自身的素养。